普通高等院校土建类应用型人才培养系列规划教材

BIM应用

主　编　黄　兰　马惠香

副主编　蔡佳含　龙　梅

北京理工大学出版社
BEIJING INSTITUTE OF TECHNOLOGY PRESS

内容简介

本书分为八章，主要内容包括什么是 BIM、BIM 发展现状、BIM 应用概述、BIM 工程质量管理、BIM 项目进度管理、BIM 项目成本管理、BIM5D 管理、BIM 最新发展及企业应对。全书在对 BIM 进行详细介绍的同时，主要围绕工程管理的三大模块（成本管理、进度管理、质量管理）进行叙述；详略得当，重点突出，实用性强。

本书可供普通高等院校工程管理、管理科学与工程、土木工程类相关专业使用，也可供工程咨询人员参考。

图书在版编目（CIP）数据

BIM 应用/黄兰，马惠香主编．—北京：北京理工大学出版社，2018.7（2018.8 重印）
ISBN 978－7－5682－5850－0

Ⅰ．①B…　Ⅱ．①黄…　②马…　Ⅲ．①建筑设计－计算机辅助设计－应用软件－高等学校－教材　Ⅳ．①TU201.4

中国版本图书馆 CIP 数据核字（2018）第 150480 号

出版发行／北京理工大学出版社有限责任公司
社　　址／北京市海淀区中关村南大街 5 号
邮　　编／100081
电　　话／（010）68914775（总编室）
（010）82562903（教材售后服务热线）
（010）68948351（其他图书服务热线）
网　　址／http：//www.bitpress.com.cn
经　　销／全国各地新华书店
印　　刷／北京紫瑞利印刷有限公司
开　　本／787 毫米×1092 毫米　1/16
印　　张／9
字　　数／192 千字
版　　次／2018 年 7 月第 1 版　2018 年 8 月第 2 次印刷
定　　价／28.00 元

责任编辑／陆世立
文案编辑／赵　轩
责任校对／周瑞红
责任印制／李志强

前言

建筑信息模型（Building Information Modeling，BIM）作为一项新的信息技术，得到了建筑业界的普遍关注。BIM 是工程项目物理和功能特性的数字化表达，是工程项目有关信息的共享知识资源。BIM 的作用是使工程项目信息在规划、设计、施工和运营维护全过程充分共享、无损传递，使工程技术和管理人员能够对各种建筑信息做出高效、正确的理解和应对，为多方参与的协同工作提供坚实基础，并为建设项目从概念到拆除全生命周期中各参与方的决策提供可靠依据。

BIM 的提出和发展对建筑业的科技进步产生了重大影响。应用 BIM 技术，可大幅度提高建筑工程的集成化程度，促进建筑业生产方式的转变，提高投资、设计、施工乃至整个工程生命期的质量和效率，提升科学决策和管理水平。对于投资，有助于提升业主对整个项目的掌控能力和科学管理水平，提高效率，缩短工期，降低投资风险；对于设计，支撑绿色建筑设计，强化设计协调，减少因“错、缺、漏、碰”导致的设计变更，促进设计效率和设计质量的提升；对于施工，支撑工业化建造和绿色施工，优化施工方案，促进工程项目实现精细化管理，提高工程质量，降低成本和安全风险；对于运维，有助于提高资产管理和应急管理水平。

本书对 BIM 应用的介绍，可以让读者对 BIM 形成深刻的认识。本书还结合施工方面的内容，对工程管理以及工程建设中最基本的三大模块（质量管理、成本管理、进度管理）进行了详细的叙述。本书共分为八章，即什么是 BIM、BIM 发展现状、BIM 应用概述、BIM 工程质量管理、BIM 项目进度管理、BIM 项目成本管理、BIM5D 管理、BIM 最新发展及企业应对。希望通过这样的安排，使读者对 BIM 的相关知识以及 BIM 在施工方面的应用有基本的了解。

本书由重庆工商大学融智学院黄兰副教授、马惠香老师担任主编，蔡佳含、龙梅老师担任副主编，其中，第一章、第二章、第三章、第四章、第八章由黄兰副教授、马惠香老师编写，第五章由龙梅老师编写，第六章、第七章由蔡佳含老师编写。全书由黄兰副教授、马惠香老师统稿。在本书编写的过程中，得到了康建功博士的支持和帮助，在此表示诚挚的感谢。

此外，本书在编写过程中参考了部分专业资料，在此向这些资料的作者表示衷心的感谢！

限于编者水平，书中难免存在不足和疏漏之处，衷心希望各位读者批评指正。

编　者
2018 年 4 月

目 录

第一章 什么是BIM

第一节 BIM概述

进入21世纪，一个被称为BIM的新事物出现在全世界建筑业中。BIM是Building Information Modeling的缩写，中文译为“建筑信息模型”。BIM问世后，不断在各国建筑界中施展“魔力”。许多接纳BIM、应用BIM的建设项目，都不同程度地出现了建设质量和劳动生产率提高、返工和浪费现象减少、建设成本得到节省等现象，从而提高了建设企业的经济效益。

2007年，美国斯坦福大学（Stanford University）设施集成工程中心（Center for Integrated Facility Engineering，CIFE）对32个应用BIM的项目进行了调查研究，得出如下调研结果：

①消除多达40%的预算外更改；

②造价估算精确度在3%以内；

③最多可减少80%耗费在造价估算上的时间；

④通过冲突检测可节省多达10%的合同价格；

⑤项目工期缩短7%。

建设企业经济效益得以提高的重要原因是，应用了BIM后，工程中减少了各种错误，缩短了项目工期。

据美国Autodesk公司的统计，应用BIM技术可改善97%的项目产出和团队合作，3D可视化更便于沟通，提高66%的企业竞争力，减少50%～70%的信息请求，缩短5%～10%的施工周期，减少20%～25%的各专业协调时间。

在国家电网上海容灾中心的建设过程中，由于采用了BIM技术，在施工前通过BIM模型发现并消除2 014个碰撞错误，避免因设备、管线拆改造成的预计损失约363万元，同时避免了工程管理费用增加约105万元。

在我国北京的世界金融中心项目中，负责建设该项目的香港恒基公司通过应用BIM发现了7 753个错误，及时改正后挽回超过1 000万元的损失，缩减了3个月的返工期。

在建筑工程项目中应用 BIM 以后，增加经济效益、缩短工期的例子还有很多。建筑业在应用 BIM 以后，确实大大改变了其浪费严重、工期拖沓、效率低下的落后面貌。下面，我们来详细了解下 BIM 的相关概念。

一、BIM 认识的发展

2004 年，Autodesk 公司印发了一本官方教材 *Building Information Modeling with Autodesk Revit*，该教材导言的第一句话就说："BIM 是一个从根本上改变了计算在建筑设计中的作用的过程。"而 BIM 的提出者伯恩斯坦在 2005 年为《信息化建筑设计》一书撰写的序言是这样介绍 BIM 的："BIM 是对建筑设计和施工的创新。它的特点是为设计和施工中建设项目建立和使用互相协调的、内部一致的及可运算的信息。"上述两种关于 BIM 的介绍，都只是涉及 BIM 的特点而没有涉及其本质。

随后人们逐渐认识到，BIM 并不是单指 Building Information Modeling，还有 Building Information Model 的含义。2005 年出版的《信息化建筑设计》对 BIM 是这样阐述的："建筑信息模型，是以 3D 技术为基础，集成了建筑工程项目各种相关的工程数据模型，是对该工程项目相关信息详尽的数字化表达。……建筑信息模型同时又是一种应用于设计、建造、管理的数字化方法，这种方法支持建筑工程的集成管理环境，可以使建筑工程在整个进程中显著提高效率和大量减少风险。"这里分别从 Building Information Model 和 Building Information Modeling 两个方面对 BIM 进行阐述，扩展了 BIM 的含义。

2007 年底，NBIMS-US Vl（美国国家 BIM 标准第一版）正式颁布，该标准对 Building Information Model（BIM）和 Building Information Modeling（BIM）都给出了定义。

其对 Building Information Model（BIM）的定义为："Building Information Model 是设施的物理和功能特性的一种数字化表达。因此，它从设施的生命周期开始就作为其形成可靠的决策基础信息的共享知识资源。"该定义比起前述的几个定义更加简洁，强调了 Building Information Model 是一种数字化表达，是支持决策的共享知识资源。

其对 Building Information Modeling（BIM）的定义为："Building Information Modeling 是一个建立设施电子模型的行为，其目标为可视化、工程分析、冲突分析、规范标准检查、工程造价、竣工的产品、预算编制和许多其他用途。"该定义明确了 Building Information Modeling 是一个建立设施电子模型的行为，其目标具有多样性。

值得注意的是，NBIMS-US Vl 的前言关于 BIM 有一段精彩的论述："BIM 代表新的概念和实践，它通过创新的信息技术和业务结构，将大大减少在建筑行业的各种形式的浪费和低效率。无论是用来指一个产品——Building Information Model（描述一个建筑物的结构化的数据集），还是指一个活动——Building Information Modeling（创建建筑信息模型的行为），或者是指一个系统——Building Information Management（提高质量和效率的工作以及通信的业务结构），BIM 都是一个减少行业废料、为行业产品增值、减少环境破坏、提高居住者使用性能的关键因素。"NBIMS-US Vl 在其第 2 章中又重申了上述观点。

NBIMS-US Vl 关于 BIM 的上述论述引发了国际学术界的思考。国际上关于 BIM 最权威的机构是英国标准学会（British Standards Institution，BSI），其网站上有一篇文章题为《用开放的 BIM 不断发展 BIM》（*The BIM Evolution Continues with Open BIM*），其也发表了类似的观点，这篇文章对“什么是 BIM”的论述如下：

BIM 是一个缩写，代表三个独立但相互联系的功能：

Building Information Modeling 是一个在建筑物生命周期内设计、建造和运营中产生和利用建筑数据的业务过程。BIM 让所有利益相关者有机会通过技术平台之间的互用性同时获得同样的信息。

Building Information Model 是设施的物理和功能特性的一种数字化表达。因此，它作为设施信息共享的知识资源，在其生命周期中从开始起就为决策形成了可靠的依据。

Building Information Management 是对在整个资产生命周期中，利用数字原型中的信息实现信息共享的业务流程的组织与控制。其优点包括集中的、可视化的通信，多个选择的早期探索，可持续发展的、高效的设计，学科整合，现场控制，竣工文档等等。这使资产的生命周期过程与模型从概念到最终退出都得到有效发展。

从上述内容可以看出，BIM 的含义比起它问世时已大大拓展，它既是 Building Information Modeling，同时也是 Building Information Model 和 Building Information Management。

二、BIM 的定义

1. 百度百科对 BIM 的定义

建筑信息模型（Building Information Modeling，BIM）或者建筑信息管理（Building Information Management，BIM）是以建筑工程项目的各项相关信息数据作为基础，建立起三维的建筑模型，通过数字信息仿真模拟建筑物所具有的真实信息。

2.《建筑信息模型应用统一标准》对 BIM 的定义

住房和城乡建设部于 2016 年 12 月 2 日发布第 1380 号公告，批准《建筑信息模型应用统一标准》为国家标准，编号为 GB/T 51212—2016，它自 2017 年 7 月 1 日起实施。《建筑信息模型应用统一标准》“术语”一节中对于 BIM 的相关定义：

（1）建筑信息模型 building information modeling，building information model（BIM）。在建设工程及设施全生命周期内，对其物理和功能特性进行数字化表达，并依此设计、施工、运营的过程和结果的总称。简称模型。

（2）建筑信息子模型 sub building information model（sub-BIM）。建筑信息模型中可独立支持特定任务或应用功能的模型子集。简称子模型。

（3）建筑信息模型元素 BIM element。建筑信息模型的基本组成单元。简称模型元素。

（4）建筑信息模型软件 BIM software。对建筑信息模型进行创建、使用、管理的软件。简称 BIM 软件。

住房和城乡建设部工程质量安全监管司处长对 BIM 的解释为：BIM 技术是一种应用于工程设计建造管理的数据化工具，通过参数模型整合各种项目的相关信息，在项目策划、运行和维护的全生命周期过程中进行共享和传递，使工程技术人员对各种建筑信息做出正确理解和高效应对，为设计团队以及包括建筑运营单位在内的各方建设主体提供协同工作的基础，在提高生产效率、节约成本和缩短工期方面发挥重要作用。

3. 美国国家 BIM 标准对 BIM 的定义

美国国家 BIM 标准（NBIMS）对 BIM 的定义由三部分组成：

（1）BIM 是一个设施（建设项目）物理和功能特性的数字化表达；

（2）BIM 是一个共享的知识资源；是一个分享有关这个设施的信息，为该设施从建设到拆除的全生命周期中的所有决策提供可靠依据的过程；

（3）在项目的不同阶段，不同利益相关方通过在 BIM 中插入、提取、更新和修改信息，以支持和反映其各自职责的协同作业。

4. 清华大学张建平教授对 BIM 的定义

BIM 已不是狭义的模型或建模技术，而是一种新的理念及其相关的理论、方法、技术、平台和软件。

产品（Building Information Model），即建筑信息模型，BIM 是以三维数字技术为基础，集成了建筑工程项目各种相关信息的工程数据模型，BIM 是对工程项目设施实体与功能特性的数字化表达。（美国国家标准技术研究院）

过程（Building Information Modeling），即建筑信息建模，指建筑信息模型的创建、应用和管理过程。

三、BIM 的含义

结合前面有关 BIM 的各种定义，连同 NBIMS-US Vl 和 BSI 的论述，可以认为，BIM 的含义应当包括三个方面：

（1）BIM 是设施所有信息的数字化表达，是一个可以作为设施虚拟替代物的信息化电子模型，是共享信息的资源，即 Building Information Model。在本书后面的内容中，将把 Building Information Model 称为 BIM 模型。

（2）BIM 是在开放标准和互用性基础之上建立、完善和利用设施的信息化电子模型的行为过程，设施有关的各方可以根据各自职责对模型插入、提取、更新和修改信息，以支持设施的各种需要，即 Building Information Modeling，称为 BIM 建模。

（3）BIM 是一个透明的、可重复的、可核查的、可持续的协同工作环境。在这个环境中，各参与方在设施全生命周期中都可以及时联络，共享项目信息，并通过分析信息，做出决策和改善设施的交付过程，使项目得到有效的管理。这也就是 Building Information Management，称为建筑信息管理。

第二节　BIM 模型的构成

从上节 BIM 含义中可知，第一点（BIM 模型）是其后两点的基础，因为第一点提供了共享信息的资源，其是发展到第二点（BIM 建模）和第三点（建筑信息管理）的基础；而第三点（建筑信息管理）则是实现第二点（BIM 建模）的保证，如果没有一个实现有效工作和管理的环境，各参与方的通信联络以及对模型的维护、更新工作将得不到保证。而这三点中最为主要的部分就是第二点（BIM 建模），它是一个不断应用信息完善模型、在设施全生命周期中不断应用信息的行为过程，最能体现 BIM 的核心价值。但是不管是哪一点，在 BIM 中最核心的东西就是"信息"，正是这些信息把三个部分有机地串联在一起，成为一个 BIM 的整体。如果没有了信息，也就不会有 BIM。

因此，如果从逻辑的层面上来划分，BIM 的模型架构其实还是一个包含产品模型、过程模型、决策模型的复合结构。正因为如此，BIM 能够支持日照模拟、自然通风模拟、紧急疏散模拟、施工计划模拟等各种模拟，使得 BIM 能够具有良好的模拟性能。

清华大学张建平教授也发表过相似的观点。她认为 BIM 由三方面构成，分别是产品模型、过程模型、决策模型（图 1-1）。

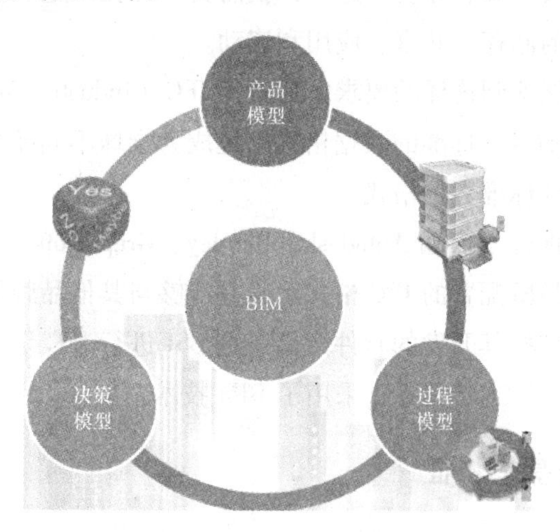

图 1-1　BIM 三方面构成关系

（1）产品模型。产品模型指建筑组件和空间与非空间信息及其拓扑关系，空间信息如建筑构件的空间位置、大小、形状以及相互关系等；非空间信息如建筑结构类型、施工方、材料属性、荷载属性、建筑用途等。

（2）过程模型。过程模型指建筑物运行的动态模型与建筑组件相互作用，不同程度地影响建筑组件在不同时间阶段的属性，甚至会影响到建筑成分本身的存在。

（3）决策模型。决策模型指人类行为对建筑模型与过程模型所产生的直接和间接作用的数值模型。BIM 不全等于或不等于 3D 模型的信息，因为没有描写它的过程，只是产品模型。

第三节 BIM 技术的特征

一、BIM 技术的概念

BIM 技术是一项应用于设施全生命周期的 3D 数字化技术，它以一个其全生命周期都通用的数据格式，创建、收集该设施所有相关的信息，建立起信息协调的信息化模型作为项目决策的基础和共享信息的资源。

应用 BIM 要实现的目标之一是，在设施全生命周期中，所有与设施有关的信息只需要一次输入，便可通过信息的流动应用到设施全生命周期的各个阶段。信息的多次重复输入不但耗费大量的人力物力成本，而且增加了出错的机会。如果只需要一次输入，又面临如下问题：设施的全生命周期要经历从前期策划到设计、施工、运营等多个阶段，每个阶段又分为不同专业的多项不同工作（例如，设计阶段可分为建筑创作、结构设计、节能设计等；施工阶段也可分为场地使用规划、施工进度模拟、数字化建造等）。每项工作用到的软件都不相同，这些不同品牌、不同用途的软件都需要从 BIM 模型中提取源信息进行计算、分析，提供决策数据给下一阶段计算、分析，这样，就需要一种在设施全生命周期各种软件都通用的数据格式以方便信息的储存、共享、应用和流动。

什么样的数据格式能达到这样的要求？那就是 IFC（Industry Foundation Classes，工业基础类）标准的格式，目前 IFC 标准的数据格式已经成为全球不同品牌、不同专业的建筑工程软件之间创建数据交换的标准数据格式。

世界著名的工程软件开发商如 Autodesk、Bentley、Graphisoft、Gehry Technologies、Tekla 等，为了保证其软件产品所配置的 IFC 格式正确并能够与其他品牌的软件产品通过 IFC 格式正确地交换数据，它们都把其开发的软件产品送到 BSI 进行 IFC 认证。一般认为，软件产品通过了 BSI 的 IFC 认证，标志着其真正采用了 BIM 技术。

二、BIM 技术的基本特征

1. 模型信息的完备性

BIM 是设施的物理和功能特性的数字化表达，包含设施的所有信息。BIM 的这个定义就体现了信息的完备性，其包含：

（1）工程对象 3D 几何信息及拓扑关系。

（2）工程对象完整的工程信息描述。例如，对象名称、结构类型、建筑材料、工程性能等设计信息；施工工序、进度、成本、质量以及人力、机械、材料资源等施工信息；工程安全性能、材料耐久性能等维护信息等。

（3）工程对象之间的工程逻辑关系。例如创建建筑信息模型行为的过程中，设施的前期策划、设计、施工、运营维护各个阶段都连接了起来，把各阶段产生的信息都存入 BIM

模型中，使得BIM模型的信息来自单一的工程数据源，包含设施的所有信息。BIM模型内的所有信息均以数字化形式保存在数据库中，以便更新和共享。

信息的完备性使得BIM模型具有良好的基础条件，支持可视化操作、优化分析、模拟仿真等功能，为在可视化条件下进行各种优化分析（体量分析、空间分析、采光分析、能耗分析、成本分析等）和模拟仿真（碰撞检测、虚拟施工、紧急疏散模拟等）提供了方便的条件。

2. 模型信息的关联性

模型信息的关联性体现在两个方面：一是工程信息模型中的对象是可识别且相互关联的；二是模型中某个对象发生变化，与之关联的所有对象会随之更新。在数据之间创建实时的、一致性的关联，对数据库中任何的数据更改，都可以立刻在其他关联的地方反映出来。

模型信息的关联性这一技术特点很重要。对设计师来说，设计建立起的信息化建筑模型就是设计的成果，至于各种平面、立面、剖面2D图纸以及门窗表等图表都可以根据模型随时生成。这些源于同一数字化模型的所有图纸、图表均相互关联，避免了用2D绘图软件画图时易出现的不一致现象。而且，在任何视图（平面图、立面图、剖视图）上对模型的任何修改，都视同对数据库的修改，会立刻在其他视图或图表上关联的地方反映出来，并且这种关联变化是实时的。这样就保持了BIM模型的完整性和健壮性，在实际生产中大大提高了项目的工作效率，消除了不同视图之间的不一致现象，保证了项目的工程质量。

这种关联变化还表现在各构件实体之间可以实现关联显示、智能互动。例如，模型中的屋顶是和墙相连的，如果要把屋顶升高，墙的高度就会跟着变高。又如，门窗都是开在墙上的，如果把模型中的墙平移，墙上的门窗也会同时平移；如果把模型中的墙删除，墙上的门窗立刻也被删除，而不会出现墙被删除了而窗还悬在半空的不协调现象。这种关联显示、智能互动表明了BIM技术能够支持对模型的信息进行计算和分析，并生成相应的图形及文档。信息的协调性使得BIM模型中各个构件之间具有良好的协调性。

这种协调性为建设工程带来了极大的方便，例如，在设计阶段，不同专业的设计人员可以通过应用BIM技术发现彼此不协调甚至相冲突的地方，及早修正设计，避免造成返工与浪费；在施工阶段，可以通过应用BIM技术合理地安排施工计划，保证整个施工阶段衔接紧密、合理，使施工能够高效地进行。

3. 模型信息的一致性

全生命周期不同阶段的模型信息是一致的，同一信息无须重复输入。应用BIM技术可以实现信息的互用性，充分保证了经过传输与交换以后信息前后的一致性。

具体来说，实现互用性就是BIM模型中所有数据只需要一次性采集或输入，就可以在整个设施的全生命周期中实现信息的共享、交换与流动，使BIM模型能够自动演化，避免出现信息不一致的错误。在建设项目不同阶段免除对数据的重复输入，可以大大降低成本、节省时间、减少错误、提高效率。这一点也表明，BIM 技术提供了良好的信息共享环境。在 BIM 技术的应用过程中，不应当因为项目参与方使用不同专业的软件或者不同品牌的软件而产生信息交流的障碍，更不应当在信息的交流过程中发生损耗，导致部分信息的丢失，而应保证信息自始至终的一致性。

实现互用性最主要的一点就是 BIM 支持 IFC 标准。另外，为方便模型通过网络进行传输，BIM 技术也支持 XML（Extensible Markup Language，可扩展标记语言）。

4. 模型信息的可视化

模型信息能够自动演化，动态描述生命期各阶段的过程。可视化是 BIM 技术最显而易见的特点。BIM 技术的一切操作都是在可视化的环境下完成的，在可视化环境下进行建筑设计、碰撞检测、施工模拟、避灾路线分析等一系列的操作。

传统的 CAD 技术只能提交 2D 的图纸。业主和用户看不懂建筑专业图纸，为了便于其理解，就需要委托相关公司制作 3D 的效果图，甚至需要委托模型公司做一些实体的建筑模型。虽然 3D 效果图和实体的建筑模型提供了可视化的视觉效果，但仅仅是展示设计的效果，却不能进行节能模拟、碰撞检测和施工仿真，总之，不能帮助项目团队进行工程分析以提高整个工程的质量。究其原因，是这些传统方法缺乏信息的支持。

现在建筑物的规模越来越大，空间划分越来越复杂，人们对建筑物功能的要求也越来越高。面对这些问题，如果没有可视化手段，光是靠设计师的脑袋来记忆、分析是不可能的，许多问题在项目团队中也不一定能够清晰地交流，更不用说深入地分析，以寻求合理的解决方案了。BIM 技术的出现为实现可视化操作开辟了广阔的前景，其附带的构件信息（几何信息、关联信息、技术信息等）为可视化操作提供了有力的支持，不但使一些比较抽象的信息（如应力、温度、热舒适性）用可视化方式表达出来，还可以将设施建设过程及各种相互关系动态地表现出来。可视化操作为项目团队的一系列分析提供了方便，有利于提高生产效率、降低生产成本和提高工程质量。

BIM 模型的可视化是一种能够使同构件之间形成互动性和反馈性的可视，在 BIM 建筑信息模型中，由于整个过程都是可视化的，所以可视化的结果不仅可以用来展示效果图及生成报表，更重要的是，项目设计、建造、运营过程中的沟通、讨论、决策都在可视化的状态下进行。

5. 模型信息的协调性

由于各专业设计师之间的沟通不到位，会出现各种专业之间的碰撞问题，例如暖通等专业中的管道在进行布置时常遇到碰撞问题。BIM 的协调性服务就可以帮助处理这种问题，BIM 建筑信息模型可在建筑物建造前期对各专业的碰撞问题进行协调，生成和提供协调数据。当然，BIM 的协调作用也并不是只能解决各专业间的碰撞问题，它还可以解决诸如电梯井布置与其他设计布置及净空要求的协调、防火分区与其他设计布置的协调、地下排水布置与其他设计布置的协调等问题。

6. 模型信息的模拟性

BIM并不是只能模拟设计出的建筑物模型，还可以模拟不能够在真实世界中进行操作的事物。在设计阶段，可以进行节能模拟、紧急疏散模拟、日照模拟、热能传导模拟等。在招投标和施工阶段，可以进行4D模拟（三维模型+项目的发展时间），也就是根据施工的组织设计模拟实际施工，从而确定合理的施工方案来指导施工；同时，还可以进行5D模拟（基于4D模型的造价控制），从而实现成本控制。在后期运营阶段，可以进行日常紧急情况处理方式的模拟，例如地震人员逃生模拟及消防人员疏散模拟等。

7. 模型信息的优化性

事实上，项目整个设计、施工、运营的过程就是一个不断优化的过程，当然优化和BIM也不存在实质性的必然联系，但在BIM的基础上可以做更好的优化、更好地做优化。优化受三个因素的制约——信息、复杂程度和时间。没有准确的信息做不出合理的优化结果，BIM模型提供了建筑物实际存在的信息，包括几何信息、物理信息、规则信息，还提供了建筑物变化以后的实际存在。复杂程度过高，参与人员无法掌握所有的信息，必须借助一定的科学技术和设备。现代建筑物的复杂程度大多超过参与人员本身的能力极限，BIM及与其配套的各种优化工具提供了对复杂项目进行优化的可能。基于BIM的优化可以做下面的工作：

（1）项目方案优化。把项目设计和投资回报分析结合起来，设计变化对投资回报的影响可以实时计算出来，这样业主就会清楚地知道哪种项目设计方案更有利于满足自身的需求。

（2）特殊项目的设计优化。例如，裙楼、幕墙、屋顶、大空间到处可以看到异形设计，这些内容看起来占整个建筑的比例不大，但是其投资和工作量所占比例却往往要大得多，而且通常也是施工难度比较大和施工问题比较多的地方，对这些内容的设计施工方案进行优化，可以带来显著的工期和造价改进。

8. 模型信息的可出图性

BIM模型通过对建筑物进行可视化展示、协调、模拟、优化以后，可以帮助业主出如下图纸：

（1）综合管线图（经过碰撞检查和设计修改，消除了相应错误以后）；

（2）综合结构留洞图（预埋套管图）；

（3）碰撞检查侦错报告和建议改进方案。

9. 模型信息的一体化性

基于BIM技术可进行从设计到施工再到运营的一体化管理，贯穿了工程项目的全生命周期。BIM的技术核心是一个由计算机三维模型所形成的数据库，其不仅包含了建筑的设计信息，而且可以容纳从设计到建成使用，甚至是使用周期终结的全过程信息。

BIM技术大大改变了传统建筑业的生产模式，利用BIM模型，使建筑项目的信息在其全生命周期中实现无障碍共享、无损耗传递，为建筑项目全生命周期中的所有决策及生产活动提供可靠的信息基础。BIM技术较好地解决了建筑全生命周期中多工种、多阶段的信息共享问题，使整个工程的成本大大降低、质量和效率显著提高，为传统建筑业在信息时代的发展展现了光明的前景。

三、BIM 技术的关键特征

BIM 技术的关键特征主要有：

（1）基于三维几何模型。

（2）以面向对象的方式表示建筑构件，并具有可计算的图形及资料属性，使用软件可识别构件，且可被自动操控。

（3）建筑构件包括可描述其行为的数据，支持分析和工作流程。

（4）数据一致且无冗余，如构件信息更改，会表现在构件及其视图中。

（5）模型所有视图都是协调一致的。

四、BIM 技术的辨别

目前，BIM 在工程软件界中是一个非常热门的概念，但是，很多用户对什么是 BIM 技术、什么不是 BIM 技术认识模糊。许多软件开发商都声称自己开发的软件是采用 BIM 技术。那么，到底这些软件是不是使用了 BIM 技术呢?

对 BIM 技术进行过深入研究的伊斯曼教授等在《BIM 手册》中列举了以下四种不属于 BIM 技术的建模技术。

（1）模型只包含 3D 几何信息，没有或只有几个属性信息。这种模型仅能用于图形可视化，无法支持信息整合和性能分析。

这些模型确实可用于图形可视化，但在对象级别并不具备智能支持。它们的可视化做得较好，但对数据集成和设计分析只有很少的支持甚至没有支持。例如，非常流行的 Sketch-Up，它在快速设计造型上显得很优秀，但对任何其他类型的分析的应用非常有限，这是因为在它的建模过程中没有知识的注入，是一个欠缺信息完备性的模型，因而不算是 BIM 技术建立的模型。它的模型只能算是可视化的 3D 模型而不是包含丰富的属性信息的信息化模型。

（2）模型不支持动态操作。这些模型定义了对象，但因为它们没有使用参数化的智能设计，所以不能调节其位置或比例。这带来的后果是需要大量的人力进行调整，并且可导致其创建出不一致或不准确的模型视图。

BIM 的模型架构是一个包含数据模型和行为模型的复合结构。其行为模型支持集成管理环境、支持各种模拟和仿真的行为。在支持这些行为时，需要进行数据共享与交换。不支持行为的模型，其模型信息不具有互用性，无法进行数据共享与交换，不属于用 BIM 技术建立的模型。因此，这种建模技术难以支持各种模拟行为。

（3）模型由多个 2D 参照图档组成。由于这类模型的组成基础是 2D 图形，这不可能确保所得到的 3D 模型是一个切实可行的、协调一致的、可计算的模型，因此，该模型所包含的对象也不可能实现关联显示、智能互动。

（4）模型允许在单一视图中更改，无法自动反映到其他视图中。这说明了该视图与模型欠缺关联，这反映出模型里面的信息协调性差，这样就会难以发现模型中的错误。一个信息协调性差的模型，就不能算是 BIM 技术建立的模型。

目前，确实有一些号称应用 BIM 技术的软件使用了上述不属于 BIM 技术的建模技术，这些软件能满足某个阶段计算和分析的需要，但由于其本身的技术缺陷，可能会导致某些信息的丢失，从而影响到信息的共享、交换和流动，难以支持在设施全生命周期中的应用。

第四节　BIM 技术的价值

一、BIM 技术的价值体现

美国独立调查机构和美国 BIM 标准提出，项目应用 BIM 技术的价值主要体现在以下六大方面。

（1）性能：更好理解设计概念，各参与方共同解决问题。

（2）效率：减少信息转换错误和损失，项目总体周期缩短 5%。

（3）质量：减少错漏碰缺，减少浪费和重复劳动。

（4）安全：提升施工现场安全。

（5）可预测性：可以预测建设成本和时间。

（6）成本：节省工程成本 5%。

二、BIM 技术应用的广度和深度

BIM 技术作为目前建筑业的主流技术，目前已经在建筑工程项目的多个方面得到了广泛的应用（图 1-2）。

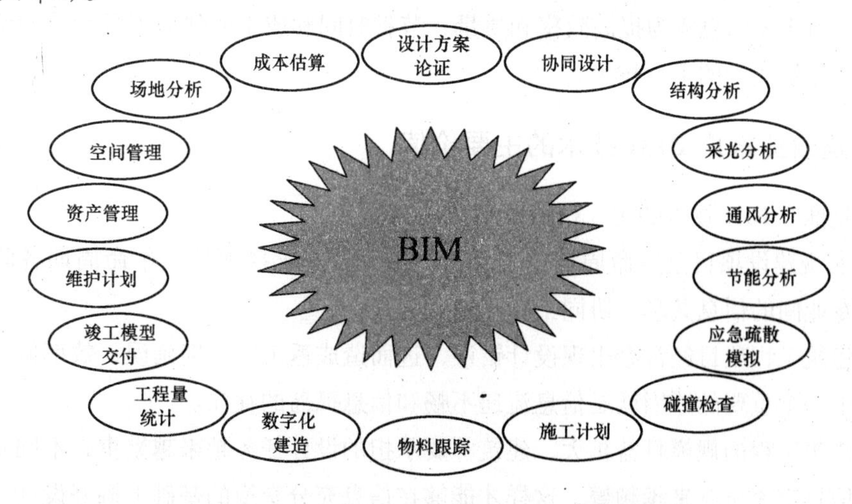

图 1-2　BIM 技术在建筑工程项目多个方面的应用

其实，图 1-2 并未完全反映 BIM 技术在建筑工程实践中的应用范围，美国宾夕法尼亚州立大学的计算机集成化施工研究组（The Computer Integrated Construction Research Program of the Pennsylvania State University）发表的《BIM 项目实施计划指南》［*BIM Project Execution Planning Guide*］（第二版）中，总结了 BIM 技术在美国建筑市场上常见的 25 种应用。这 25 种应用跨越了建筑项目全生命周期的四个阶段，即规划阶段（项目前期策划阶段）、设计阶段、施工阶段、运营阶段。迄今为止，还没有哪一项技术像 BIM 技术那样可以覆盖建筑项目全生命周期的。

不只是房屋建筑在应用 BIM 技术，各种类型的基础设施建设项目也在应用 BIM 技术。在桥梁工程、水利工程、铁路交通、机场建设、市政工程、风景园林建设等各类工程建设中，都可以找到 BIM 技术应用的范例。

BIM 技术应用的广度还体现在应用 BIM 技术的人群相当广泛。当然，各类基础设施建设的从业人员是 BIM 技术的直接使用者，但是，建筑业以外的人员也有不少需要用到 BIM 技术。在 NBIMS-USV1 的第 2 章中，列出了与 BIM 技术应用有关的 29 类人员，其中有业主、设计师、工程师、承包商、分包商这些和工程项目有着直接关系的人员，也有房地产经纪、房屋估价师、贷款抵押银行、律师等服务类的人员，还有法规执行检查、环保、安全与职业健康等政府机构的人员，以及废物处理回收商、抢险救援人员等其他行业相关的人员。由此可以看出，BIM 技术的应用面十分宽广。可以说，在建设项目的全生命周期中，BIM 技术是无处不在、无人不用。

BIM 技术应用的深度已经日渐被建筑业内的从业人员所了解。在 BIM 技术的早期应用中，人们对它了解得最多的是 BIM 技术的 3D 应用，即可视化。但随着应用的深入发展，发现 BIM 技术的能力远远超出了 3D 的范围，可以用 BIM 技术实现 4D（3D + 时间）、5D（4D + 成本），甚至 *n*D（5D + 各个方面的分析）。

以上内容充分说明了 BIM 模型已经被越来越多的设施建设项目作为建筑信息的载体与共享中心，BIM 技术也成为提高效率和质量、节省时间和成本的强力工具。一句话，BIM 技术已经成为建筑业中的主流技术。

三、建筑业推广 BIM 技术的主要价值

建筑业推广 BIM 技术的主要价值体现在：

（1）实现建设项目全生命周期信息共享。BIM 技术支持项目全生命周期各阶段、多参与方、各专业间的信息共享、协同工作和精细管理。

以前建筑工程项目经常会出现设计错误，进而造成返工、工期延误、效率低下、造价上升等，其中一个重要的原因就是信息流通不畅和信息孤岛的存在。

随着建筑工程的规模日益扩大，建筑师要承担的设计任务越来越繁重，不同专业的相关人员进行信息交流也越来越频繁，这样才能够在信息充分交换的基础上搞好设计。因此，基于 BIM 模型建立起建筑项目协同工作平台（图 1-3）有利于信息的充分交流和不同参与方的

协商，还可以改变信息交流中的无序现象，实现了信息交流的集中管理与信息共享。

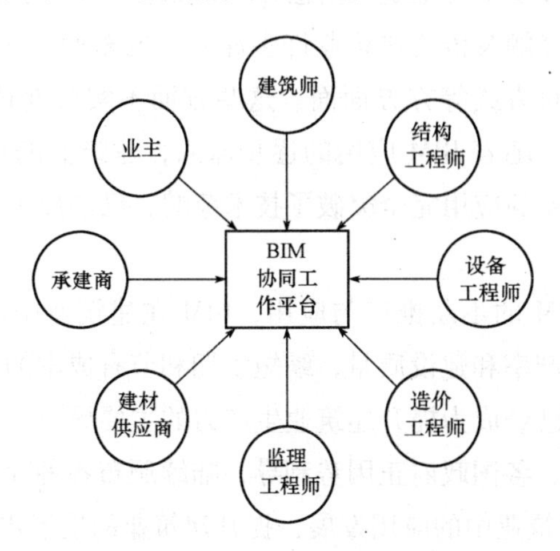

图 1-3　基于 BIM 的建筑项目协同工作平台

在设计阶段，应用协同工作平台可以显著减少设计图中的缺漏错碰现象，并且加强设计过程的信息管理和设计过程的控制，有利于在过程中控制图纸的设计质量，加强设计进程的监督，确保交图的时限。

设施建设项目协同工作平台的应用覆盖从建筑设计阶段到建筑施工、运行维护整个建筑全生命周期。由于建筑设计质量在应用了协同工作平台后显著提高，施工方按照设计执行建造就减少了返工，从而保证了建筑工程的质量、缩短了工期。施工方还可以在这个平台上对各工种的施工计划安排进行协商，做到各工序衔接紧密，消除窝工现象。施工方在这个平台上通过与供应商协同工作，让供应商充分了解建筑材料使用计划，做到准时、按质、按量供货，可以减少材料的积压和浪费。这个平台还可以应用于建筑物的运营维护期，充分利用平台的设计和施工资料对房屋进行维护，直至建筑全生命周期结束。

（2）实现建设项目全生命周期的可预测和可控制。BIM 技术支持环境、经济、耗能、安全等多方面的分析和模拟，能够实现项目全生命周期全方位的预测和控制。

（3）促进建设行业生产方式的改变。BIM 技术支持设计、施工与管理一体化，促进行业生产方式变革。

（4）推动建设行业工业化发展。BIM 连接项目全生命周期各阶段的数据、过程和资源，支持行业产业链贯通，为工业化发展提供技术保障。

在推广 BIM 技术的过程中，发现原有建筑业实行了多年的一整套工作方式和管理模式已经不能适应建筑业信息化发展的需要。这些陈旧的组织形式、作业方式和管理模式立足于传统的信息表达与交流方式，所用的工程信息用 2D 图纸和文字表达，信息交流采用纸质文件、电话、传真等方式进行，同一信息需要多次输入，信息交换缓慢，影响到决策、设计和施工的进行。这些有悖于信息时代的工作方式已经严重阻碍着建筑业的发展，使建筑业长期处于返工率高、生产效率低、生产成本高的状态，更成为 BIM 应用发展的阻力。因此，在推广应用 BIM 的过程中，对建筑业来一次大的变革十分必要，以建立起适应信息时代发展以及 BIM 应用需要的新秩序。

显然，BIM 的应用已经触及传统建筑业许多深层次的东西，包括工作模式、管理方式、团队结构、协作形式、交付方式等方方面面，这些方面不实行变革，将会阻碍 BIM 应用的深入和整个建筑业的进步。随着 BIM 应用的逐步深入，建筑业的传统架构将被打破，一种新的架构将取而代之。BIM 的应用完全突破了技术范畴，已经成为主导建筑业进行大变革的推动力。

随着这几年各国对 BIM 的不断推广与应用，BIM 在建筑业中的地位越来越高，BIM 已经成为提高建筑业劳动生产率和建设质量，缩短工期和节省成本的利器。从各国政府经济发展战略的层面来说，BIM 已经成为提升建筑业生产力的主要导向，是开创建筑业持续发展新里程的理论与技术。因此，各国政府正因势利导，陆续颁布各种政策文件及制定相关的 BIM 标准，推动 BIM 在各国建筑业中的应用发展，提升建筑业的发展水平。

本章小结

本章介绍了 BIM 的定义、BIM 模型的构成、BIM 的技术特征及其相关的技术价值，重点讲解了 BIM 的定义及其技术特征，了解了现阶段 BIM 模型的构成和在各个领域中的主要技术价值。

思考题

1. BIM 的含义。
2. BIM 模型的基本构成。
3. BIM 技术相对于其他技术的优势。

第二章

BIM 发展现状

第一节 BIM 的发展

一、传统的档案管理方式

在缺乏信息技术的条件下，建筑业中不少人还墨守传统的工作方式和惯例，他们以纸质媒介为基础进行管理，用传统的档案管理方式来管理设计文件、施工文件和其他工程文件。这些手工作业缓慢而烦琐，还不时会出现一些纰漏，给工程带来损失。尽管设计过程是使用计算机进行的，但是由于设计成果是以图纸的形式而不是以电子文件方式提供，因此，更多的设计后续工作如概预算、招投标、项目管理等都是以图纸上的信息为依据，重新进行输入而进行下一步工作的。

在整个建设工程项目周期中，项目的信息量应当如同图 2-1 中最上部那条曲线所示，是随着时间增长而不断增长的。实际上，在目前的建设工程中，项目各个阶段的信息并不能够很好地衔接，从而使得信息量的增长如同图 2-1 下面那条曲线那样，在不同阶段的衔接处出现了断点，出现了信息丢失的现象。如前所述，现在应用计算机进行建筑设计，最后成果的提交形式都是打印好的图纸。作为设计信息流向的下游，如概预算、施工等阶段就无法从上

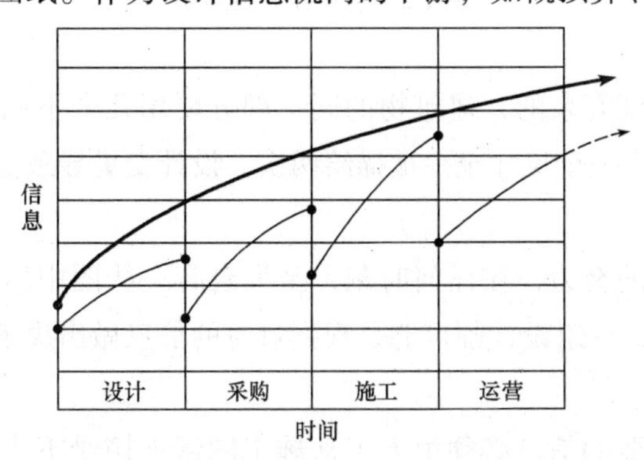

图 2-1 建筑工程中的信息量

游获取在设计阶段已经输入电子媒体的信息。实际上还需要人工阅读图纸才能应用计算机软件进行概预算、组织施工，信息在这里明显出现了丢失。

参与工程建设各方之间基于纸介质转换信息的机制是一种在建筑业中应用了多年的做法。可是，随着信息技术的应用，设计和施工过程中都会在数字媒介上产生更为丰富的信息。虽然这些信息是借助于信息技术产生的，但由于它仍然是通过纸张来传递，因此，当信息从数字媒介转换为纸质媒介时，许多数字化的信息丢失了。造成这种信息丢失现象的原因有很多，其中一个重要原因，就是在建设工程项目中没有建立起科学的、能够支持建设工程全生命周期的建筑信息管理环境。

二、查尔斯·伊斯曼与建筑描述系统 BDS

查尔斯·伊斯曼（图 2-2）1965 年毕业于美国加州大学伯克利分校（University of California，Berkeley）建筑系，先后在美国多所大学任教，具有横跨建筑学、计算机科学两个学科的广博知识，早在 20 世纪 70 年代就对 BIM 技术做了开创性研究。1974 年 9 月，他和他的合作者在论文《建筑描述系统概述》（*An Outline of Building Description System*）中指出了如下一些问题：

图 2-2　查理斯·伊斯曼

（1）建筑图纸是高度冗余的，建筑物的同一部分要用几个不同的比例描述。一栋建筑至少由两张图纸来描述，一个尺寸至少被描绘两次。设计变更导致需要花费大量的努力使不同图纸保持一致。

（2）即使花费大量的努力，在任何时刻，至少会有一些图中所表示的信息不是当前的或者是不一致的。因此，一组设计师可能是根据过时的信息做出决策，这使得他们未来的任务更加复杂化。

（3）大多数分析需要的信息必须由人工从施工图纸上摘录下来。数据准备这最初的一步在任何建筑分析中都是主要的成本。

伊斯曼教授基于对以上问题的精辟分析，提出了应用当时还是很新的数据库技术建立建筑描述系统（Building Description System，BDS）以解决上述问题的思想，并在同一篇论文中提出了 BDS 的概念性设计。对于如何实现 BDS，他在文中分别就硬件、数据结构、数据库、空间查找、型的输入、放置元素、排列的编辑、一般操作、图形显示、建筑图纸、报告的生成、建筑描述语言、执行程序等多个方面进行了分析论述。

伊斯曼教授通过分析认为，BDS 可以降低设计成本，使草图设计和分析的成本降低 50% 以上。虽然 BDS 只是一个研究性实验项目，但它已经直接面对在建筑设计中要解决的一些最根本的问题。

伊斯曼教授随后在 1975 年 3 月出版的 AIA Journal 上发表的论文《在建筑设计中应用计算机而不是图纸》（*The Use of Compters Instead of Drawings in Building Design*）中介绍了 BDS，并高瞻远瞩地陈述了以下一些观点：

（1）应用计算机进行建筑设计是在空间中安排 3D 元素的集合，这些元素包括强化横杠、预制梁板或一个房间。

（2）设计必须包含相互作用且具有明确定义的元素，可以从相同描述的元素中获得剖面图、平面图、轴测图或透视图等；对任何设计安排上的改变，在图形上的更新必须一致，因为所有的图形都取之于相同的元素，因此可以一致性地作资料更新。

（3）计算机提供一个单一的集成数据库用作视觉分析及量化分析，测试空间冲突与制图等。

（4）大型项目承包商可能会发现这种表达方法便于调度和材料的订购。

20 多年后出现的 BIM 技术证实了伊斯曼教授上述观点的预见性，他那时已经明确提出了在未来的三四十年间建筑业发展需要解决的问题。他提出的 BDS 采用的数据库技术，其实就是 BIM 的雏形。

伊斯曼教授在 1977 年启动的另一个项目 GLIDE（Graphical Language for Interactive Design，互动设计的图形语言）体现了现代 BIM 平台的特点。

伊斯曼教授继续从事实体建模、工程数据库、设计认知和理论等领域的研究，发表了一系列很有影响力的论文，不断推动研究向深入发展。1999 年，伊斯曼教授出版了一本专著《建筑产品模型：支撑设计和施工的计算机环境》（*Building Product Models*: *Computer Environments*, *Supporting Design and Construction*），这本书是 20 世纪 70 年代开展建筑信息建模研究以来的第一本专著。在专著中他回顾了 20 多年来散落在各种期刊、会议论文集和网络上的研究工作，介绍了 STEP 标准和 IFC 标准，论述了建模的概念、支撑技术和标准，并提出了开发一个新的且用于建筑设计、土木工程和建筑施工的数字化表达方法的概念、技术和方法。这本书勾画出尚未解决的研究领域，为下一代的建筑模型研究奠定了基础，书中还介绍了大量的实例。这是一本在 BIM 发展历史上很有代表性的著作。

在 2008 年，他和一批 BIM 专家一起编写出版了专著《BIM 手册》（*BIM Handbook*）。该书的第二版在 2011 年出版，现已成为 BIM 领域内具有广泛影响的重要著作。30 多年来，伊斯曼教授孜孜不倦地从事 BIM 的研究，不愧为 BIM 的先驱人物。由于他在 BIM 的研究中所作的开创性工作，他也被人们称为“BIM 之父”。

三、建筑信息建模技术从探索走向应用

20 世纪 80 年代到 90 年代，是建筑信息技术从探索走向广泛应用并得到蓬勃发展的年代。

随着计算机网络通信技术的飞速发展，因特网开始进入各行各业和普通人们的生活，给计算机的应用带来了新的发展，也给建筑信息技术带来了新的发展，为 BIM 的诞生提供了硬件基础。

1. 学术界有关建筑信息建模的研究不断走向深入

自从伊斯曼教授发表了建筑描述系统 BDS 以来，学术界十分关注建筑信息建模的研究并发表了大量有关的研究成果，特别是进入 20 世纪 90 年代后，这方面的研究成果大量增加。

1988 年由美国斯坦福大学教授保罗·特乔尔兹（Paul Teicholz）博士建立的设施集成工程中心（CIFE）是 BIM 研究发展进程的一个重要标志。CIFE 在 1996 年提出了 4D 工程管理的理论，将时间属性也纳入进建筑模型中。4D 项目管理信息系统将建筑物结构构件的 3D 模型与施工进度计划的各种工作相对应，建立各构件之间的继承关系及相关性，最后可以动态地模拟这些构件的变化过程。这样就能有效地整合整个工程项目的信息并加以集成，实现施工管理和控制的信息化、集成化、可视化和智能化。

2001 年，CIFE 又提出了建设领域的虚拟设计与施工（Virtual Design and Construction ，VDC）的理论与方法，在工程建设过程中通过应用多学科、多专业的集成化信息技术模型，来准确反映和控制项目建设的过程，以帮助实现项目建设目标。现在，4D 工程管理理论与 VDC 理论都是 BIM 的重要组成部分。

2. 相关国际标准的制定奠定了 BIM 的技术基础

对 BIM 影响最大的国际标准有两个——STEP 标准和 IFC 标准。目前，IFC 标准已经成为主导建筑产品信息表达与交换的国际技术标准，随着 BIM 技术的迅速发展，IFC 已经成为 BIM 应用中不可或缺的主要标准。

3. 制造业在产品信息建模方面的成功给予建筑业有益的启示

20 世纪 70 年代，在制造业 CAD 的应用中也开始了产品信息建模（Product Information Modeling，PIM）研究。产品信息建模的研究对象是制造系统中产品的整个生命周期，目的是为实现产品设计制造的自动化提供充分和完备的信息。研究人员很快注意到，除几何模型外，工程上其他信息如精度、装配关系、属性等，也应该扩充到产品信息模型中，因此要扩展产品信息建模能力。

制造业对产品信息模型的研究，也经历了由简到繁、由几何模型到集成化产品信息模型的发展历程，其先后提出的产品信息模型有以下几种：面向几何的产品信息模型、面向特征的产品信息模型、基于知识的产品信息模型和集成的产品信息模型。STEP 标准发布后，对集成的产品信息模型的研究起了积极的推动作用，使 BIM 技术研究得到飞速发展。

4. 软件开发商的不断努力实践

20 世纪 80 年代，出现了一批不错的建筑软件。英国 ARC 公司研制的 BDS 和 GDS 系统，通过应用数据库把建筑师、结构工程师和其他专业工程师的工作集成在一起，大大提高了不同工种间的协调水平。日本的清水建设公司和大林组公司也分别研制出了 STEP 和 TADD 系统，这两个系统实现了不同专业的数据共享，基本能够支持建筑设计的每一个阶段。英国 GMW 公司开发的 RUCAPS（Really Universal Computer Aided Production System）软件系统采用 3D 构件来构建建筑模型，系统中有一个可以储存模型中所有构件的关系数据库，还包含有多用户系统，可满足多人同时在同一模型上工作。

随着对信息建模研究的不断深入，软件开发商也逐渐建立起名称各异的、信息化的建筑模型。最早应用 BIM 技术的是匈牙利的 Graphisoft 公司，他们在 1987 年提出虚拟建筑（Virtual Building，VB）的概念，并把这一概念应用在 ArchiCAD 3.0 的开发中。Graphisoft 公司声称，虚拟建筑就是设计项目的一体化 3D 计算机模型，包含所有的建筑信息，并且可视、可编辑和可定义。运用虚拟建筑不但可以实现对建筑信息的控制，而且可以从同一个文件中生成施工图、渲染图和工程量清单，甚至虚拟实境的场景。虚拟建筑概念可运用在建筑工程的各个阶段：设计阶段、出图阶段、与客户的交流阶段和建筑师之间的合作阶段。自此，ArchiCAD 就成为运行在个人计算机上最先进的建筑设计软件。

VB 其实就是 BIM，只不过当时还没有 BIM 这个术语。随后，美国 Bentley 公司提出了一体化项目模型（Integrated Project Models，IPM）的概念，并在 2001 年发布的 MicroStation V8 中应用了这个新概念。

四、BIM 术语正式提出

1987 年，美国 Revit 技术公司成立，研发出建筑设计软件 Revit。该软件采用了参数化数据建模技术，实现了数据的关联显示、智能互动，代表着新一代建筑设计软件的发展方向。美国 Autodesk 公司在 2002 年收购了 Revit 技术公司，后者的软件 Revit 也就成了 Autodesk 旗下的产品。在推广 Revit 的过程中，Autodesk 公司首次提出建筑信息模型（Building Information Modeling，BIM）的概念。至此，BIM 这个技术术语正式提出。

目前，BIM 这一名称已经得到学术界和软件开发商的普遍认同，建筑信息模型的研究也在不断深入。

第二节　BIM 标准

随着 BIM 的蓬勃发展，各个国家和地区政府也纷纷制定鼓励政策，各种技术标准相继发布，以推动 BIM 应用的健康发展。

一、国际标准化组织

国际标准化组织公布了如下一系列与 BIM 有关的国际标准：

（1）ISO 10303-11：2004 Industrial automation systems and integration-Product data representation and exchange-Part 11：Description methods：The EXPRESS language reference manual（工业自动化系统与集成——产品数据的表达与交换——第 11 部分：描述方法：EXPRESS 语言参考手册）。

这个标准就是 STEP 标准的 EXPRESS 语言。

（2）ISO 16739：2013 Industry Foundation Classes（IFC）for data sharing in the construction and facility management industries［用于建筑与设施管理业数据共享的工业基础类（IFC）］。

这个标准就是 IFC 标准。现在，这个国际标准已成为用于 BIM 数据交换和建筑业或设施管理业从业人员所使用的应用软件之间实现共享的一个开放的国际标准。

（3）ISO/TS 12911：2012 Framework for building information modeling（BIM）guidance（建筑信息模型指导框架）。这是一个技术规范，该规范建立了一个为调试 BIM 模型提供规范的技术框架。

（4）ISO 29481-1：2010 Building information modeling-Information delivery manual -Part 1：Methodology and format（建筑信息模型——信息传递手册——第 1 部分：方法与格式）。

ISO 29481-2：2012 Building information models-Information delivery manual -Part 2 ：Interaction framework（建筑信息模型——信息传递手册——第 2 部分：交互框架）。

这两个国际标准是有关信息传递手册（Information Delivery Manual，IDM）的相关规定，分别规定了 BIM 应用中信息交换的方法与格式以及交互框架。

（5）ISO 12006-3：2007 Building construction-Organization of information about construction works-Part 3 ：Framework for object-oriented information（建筑施工——施工工作的信息组织——第 3 部分：面向对象的信息框架）。

国际字典框架（International Framework for Dictionaries，IFD）也是支撑 BIM 的主要技术之一，而建立 IFD 库的概念就是源于这个国际标准。

二、美国

美国是最早推广 BIM 应用的国家。美国总务管理局（General Services Administration，GSA）在 2003 年就提出了国家 3D-4D-BIM 计划，GSA 鼓励所有的项目团队都执行 3D-4D-BIM 计划，GSA 要求从 2007 年起所有招标的大型项目都必须应用 BIM。美国陆军工程兵团（United States Army Corps of Engineers，USACE）在 2006 年制定并发布了一份 15 年（2006—2020）的 BIM 路线图，为 USACE 应用 BIM 技术制定战略规划。在该路线图中，USACE 还承诺未来所有军事建筑项目都将使用 BIM 技术。美国海岸卫队（US Coast Guard）从 2007 年起就应用 BIM 技术，现在其所有建筑人员都必须懂得应用 BIM 技术。2009 年，美国威斯康星州政府成为美国第一个制定政策推广 BIM 的州政府，要求州内造价超过 500 万美元的新建大型公共建筑项目必须使用 BIM 技术。而得克萨斯州设施委员会（Texas Facilities Commission）也提出了对州政府投资的项目应用 BIM 技术的要求。2010 年，俄亥俄州政府颁布了州政府的 BIM 协议，规定造价在 400 万美元以上或机电造价占项目费用 40% 以上的项目必须使用 BIM 技术，该协议对 BIM 项目还给予付款上的优惠条款，还对相关程序、最终成果等做了规定。

美国是颁布 BIM 标准最早的国家，早在 2007 年就颁布了 NBIMS 的第一版，在 2012 年又发布了第二版。NBIMS 的制定，大大推动了 BIM 在美国建筑业中的应用，通过应用统一的标准，为项目的利益相关方带来了最大的效益。

2007 年 8 月，NIST 发布了《通用建筑信息交接指南》（*General Buildings Information Handover Guide*，GBIHG）。该指南已经作为一个重要的 BIM 资源应用于建筑设计和施工中。

三、新加坡

新加坡也是世界上应用 BIM 技术最早的国家之一。20 世纪末，新加坡政府就与世界著名软件公司合作，启动 CORENET（Construction and Real Estate NETwork）项目，用电子政务方式推动建筑业采用信息技术。CORENET 中的电子建筑设计施工方案审批系统 ePlan-Check 是世界上第一个用于这方面的商业产品，它的主要功能包括接受采用 3D 立体结构、以 IFC 文件格式传递设计方案、根据系统的知识库和数据库中存储的图形代码及规则自动评估方案并生成审批结果。其建筑设计模块审查设计方案是否符合有关材料、房间尺寸、防火和残障人通行等规范要求；建筑设备模块审查设计方案是否符合采暖、通风、给排水和防火系统等的规范要求；这保证了对建筑规范和条例解释的一致性、无歧义性和权威性。新加坡政府不断应用 BIM 的新技术来对 CORENET 进行优化和改造。

新加坡国家发展部属下的建设局（Building and Construction Authority，BCA）于 2011 年颁布了 2011—2015 年发展 BIM 的路线图（Building Information Modeling Roadmap）。其目标是，到 2015 年，新加坡整个建筑行业广泛使用 BIM 技术。路线图对实施的策略和相关的措施都做了详细的规划。2012 年，BCA 又颁布了《新加坡 BIM 指南》（*Singapore BIM Guide*），以政府文件形式对 BIM 的应用进行指导和规范。

新加坡政府要求政府部门必须带头在所有新建项目中应用 BIM。BCA 的目标是，要求从 2013 年起工程项目提交建筑的 BIM 模型，从 2014 年起要提交结构与机电的 BIM 模型，2015 年起所有建筑面积大于 5 000 平方米的项目都要提交 BIM 模型。

四、韩国

韩国在运用 BIM 技术上表现得十分积极。多个政府部门都致力于制定 BIM 的标准，如韩国公共采购服务中心和韩国国土交通海洋部。

韩国公共采购服务中心（Public Procurement Service，PPS）是韩国所有政府采购服务的执行部门。2010 年 4 月，PPS 发布了 BIM 路线图，内容包括：

2010 年，在 1 ~ 2 个大型工程项目应用 BIM；

2011 年，在 3 ~ 4 个大型工程项目应用 BIM；

2012 ~ 2015 年，超过 50 亿韩元的大型工程项目都采用 4D · BIM 技术（3D + 成本管理）；

2016 年前，全部公共工程应用 BIM 技术。

2010 年 12 月，PPS 发布了《设施管理 BIM 应用指南》，针对设计、施工图设计、施工等阶段中的 BIM 应用进行指导，并于 2012 年 4 月对其进行了更新。

2010 年 1 月，韩国国土交通海洋部发布了《建筑领域 BIM 应用指南》。该指南为开发商、建筑师和工程师在申请四大行政部门、16 个都市以及 6 个公共机构的项目时，提供采用 BIM 技术必须注意的方法及要素的指导。该指南为企业建立了实用的 BIM 实施标准。目前，土木领域的 BIM 应用指南也已立项，暂定名为《土木领域 3D 设计指南》。

韩国主要的建筑公司都在积极采用 BIM 技术，如现代建设、三星建设、空间综合建筑事务所、大宇建设、GS 建设、Daelim 建设等公司。其中，Daelim 建设公司应用 BIM 技术到桥梁的施工管理中，GS 建设公司利用 BIM 软件 Digital Project 对建筑设计阶段以及施工阶段的一体化进行研究和实施等。

五、澳大利亚

澳大利亚早在 2001 年就开始应用 BIM 了。澳大利亚政府的合作研究中心在 2009 年公布了《国家数字化建模指南》（*National Guidelines for Digital Modeling*），还同时公布了一批数字化建模的案例研究以加强大家对指南的理解。该指南致力于推广 BIM 技术在建筑各阶段的运用，从项目规划、概念设计、施工图设计、招投标、施工管理到设施运行管理，都给出了 BIM 技术的应用指引。

六、英国

英国于 2009 年颁布了第一个 BIM 标准《英国建筑业 BIM 标准》（AEC（UK）BIM Standard），这是一个通用型的标准。在 2010 年和 2011 年又陆续颁布了 AEC（UK）BIM Standard for Autodesk Revit 和 AEC（UK）BIM Standard for Bentley Product，后面这两个面向软件平台的 BIM 标准是通用型标准的有机组成部分，和通用型标准是完全兼容的，但其内容与软件平台紧密结合，因此更适合不同软件的用户。面向 ArchiCAD、Vectorworks 等其他软件平台的 BIM 标准也将会陆续颁布。这些标准规定了如何命名模型、如何命名对象、单个组件如何建模、如何进行数据交换等，大大方便了英国建筑企业从 CAD 向 BIM 的过渡。他们希望这些标准能落实到 BIM 的实际应用中。

2011 年 5 月，英国内阁办公室发布了《政府建设战略》（*Government Construction Strategy*），文件要求最迟在 2016 年实现全面协同的 3D-BIM，并将全部项目和资产的信息、文件以及电子数据放入 BIM 模型中间。英国除了制定 BIM 标准外，还将应用 BIM 技术把项目的设计、施工和营运融合在一起，期待在未来达到更佳的资产性能表现。

目前，英国有关 BIM 的法律、商务、保险条款的制定基本完成，英国政府正在部署英国 COBie 标准的应用，要求该标准要应用到所有的资产报告中。

七、中国香港

香港房屋委员会（Hong Kong Housing Authority）是香港特区政府负责制定和推行公共房屋计划的政府机构。他们对 BIM 技术的应用非常感兴趣。早在 2009 年，就制定了《香港建筑信息模拟标准手册》，同时还公布了《香港建筑信息模拟使用指南》《建筑信息模拟组件库设计指南》《建筑信息模拟组件库参考资料》，形成了 BIM 应用资料从法规到技术的完整系列。根据 2012 年的资料，自 2006 年起，香港房屋委员会已在超过 19 个公屋发展项目中的不同阶段（包括由可行性研究至施工阶段）应用了 BIM 的技术。

他们希望能够利用 BIM 技术来优化设计，改善协调效率和减少建筑浪费，从而提升建筑质量。香港房屋委员会利用 BIM 技术令设计可视化，并逐步推广 BIM 技术至各个阶段，使整个建筑业生命周期由设计到施工以至设施管理等连串业务相关者相继受惠。

八、其他国家和地区

挪威政府管理其不动产的机构 Statsbygg 早在 2008 年就发布了《BIM 手册》（*BIM Manual*）1.0 版，其后在 2009 年和 2011 年又分别发布了 1.1 版本和 1.2 版。手册里面提供了有关 BIM 技术要求和 BIM 技术在各个建筑阶段的参考用途的信息。

芬兰政府下属负责管理政府物业的机构 Senate Properties 在 2007 年发布了一套指导性文件《BIM 的需求》（*BIM Requirements*），内容覆盖了建筑设计、结构设计、水电暖通设计、质量保证、工料估算等 9 个方面。到了 2012 年，在 *BIM Requirements* 的基础上又发布了《一般 BIM 的需求》（*Common BIM Requirements*），除了更新上述 9 个方面的内容，还增加了节能分析、项目管理、运营管理和建筑施工 4 个方面的内容。

世界上已经有 35 个国家或地区成为 BSI 的成员国，这 35 个国家几乎包括了世界上主要的发达国家和少数发展中国家。这些国家 BIM 技术的应用水平也代表着当前国际上 BIM 技术的应用水平。各国政府对 BIM 的支持和推动，将在全球建筑业引发一场史无前例的彻底变革，BIM 将会迎来大发展的时代。

第三节　BIM 软件

BIM 作为建筑行业一种新兴的技术，其应用过程相当复杂，其中涉及不同的应用方、不同的专业以及工程项目的不同阶段，绝非一个或一种软件就可以解决全部的问题，因此，BIM 的发展和应用就需要软件集成共享的支持。美国 Building SMART 联盟主席 Dana. Smitnz 指出“仅仅依靠一个软件就可以解决全部问题的时代已经一去不复返了”。因此，仅仅使用一种软件或者一类软件无法最大限度地发挥 BIM 技术的真正价值，必须对 BIM 相关应用软件进行细致研究和分析，从而更深层次了解 BIM 的应用技术。

一、BIM 软件分类

通过对目前国际上具有一定行业影响力的一系列 BIM 软件进行初步分析，软件不同功能分类和相互间信息交互性的关系分析如图 2-3 所示。

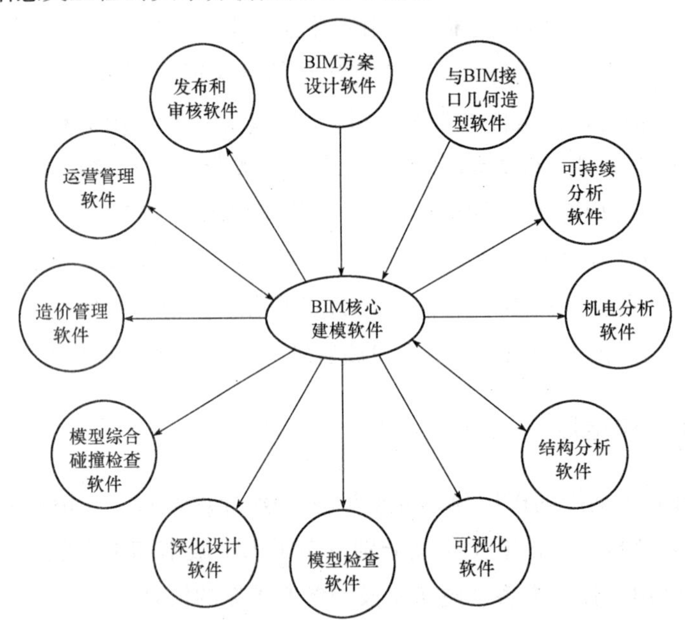

图 2-3　BIM 相关软件的功能分类示意图

建筑工程项目质量控制本身就是一个动态的过程，需要针对不同工程的各个项目环节采用不同的控制手段，不同阶段采用不同的 BIM 软件进行交互式配合作业。下面按照工程项目的不同阶段，分别对相关的 BIM 软件进行简要介绍。

1. 建筑设计阶段

建筑设计阶段的核心任务就是建模：

（1）设备建模比较经典的软件有 Auto CAD MEP、Revit MEP、Bentley Building 等，相关软件包括能量分析软件 Ecotech、IES GBS 和照明分析软件 Ecotech IES。

（2）结构建模，常采用 Auto CAD 公司系列中的 Structure、Revit Structure 和 Bentley Structure，进行相关结构分析时再利用 PKPM、ETABS 和 Robot STAAD，进行深化设计时采用 Xsteel 软件。

建筑设计阶段包括的工作还有绿色设计（常用 Ecotech IES 和 PKPM）、规范检查（利用 Solibri 软件）和造价管理（采用 Innovaya Solibri）。

建筑设计类软件作为 BIM 技术开展应用的基本要求，设计人员需要在建筑设计的初步阶段就将不同构件的一系列基本参数信息通过数据参数化的形式写入 BIM 的构件信息数据库，并且与相关的构件进行搭配关联，这样建筑工程就可以通过一系列具有特定属性的对象模型参数直观地表达出来。接着，通过 BIM 软件强大的计算分析功能，可以快速检测出不同专业建筑模型构件之间存在的碰撞点，并准确定位分析，能够及时对这些碰撞点进行设计调整与优化，有效排除、避免项目施工过程中可能遇到的碰撞冲突，大大提高综合设计能力和工作效率。

2. 建筑施工阶段

建筑施工阶段的控制较为复杂，需要多种软件交互作业，既有对建筑设计阶段的模型检查与控制，还有对施工现场的监控与反馈，需要多工种协同合作。对于建筑模型，碰撞检查使用 Navisworks Solibri，4D 模型利用 P3 MS Project 和 Navisworks，而质量控制激光扫描数据通常采用 Navisworks。通过激光测绘信息，选用 Navisworks 进行施工质量实时监控和分析。施工现场利用 PFID 手机进行监测监控，然后反馈至 Navisworks 生成施工现场实时报告。利用 P3 MS Project 储存工程进度信息，4D 施工模拟采用 Navisworks 进行监控分析，使施工人员能够快速了解整个施工工艺流程，最终反馈至 Revit 软件上的加工图。

3. 建筑运营阶段

在建设工程项目全生命周期的管理过程中，应以运营为导向实现建设项目价值最大化。然而，一份统计资料表明，建筑物的运营维护成本远远大于其建设成本，大约能够占其全生命周期费用总成本的 75%，由此可见，建筑工程项目运营阶段 BIM 的技术优势并没有得到充分发挥。建筑的运营阶段更需要多方位合作、逐项优化，在保证建筑基础功能的前提下，进一步降低运营成本，达到建筑工程项目的最优化。在其运营阶段，通过 PFID 手机搜集获取设备信息，然后结合 Navisworks 进行设备管理，从而优化设备运营管理。相关基础设施管理则采用 Tectton Archbibus Design Review 进行追踪、定位和分析。初步建立建筑运营方案优化机制，包括进行营运方案优化的 Tecton 和应急预案优化的 Olive、Ecotect 或者 3dsMax。

在运营维护阶段，BIM 软件可以将建筑物的建筑空间基本信息和设备参数相关信息有机结合起来，多种运营机制并行，共同优化建筑运营方案，逐步逐项降低成本，保证工程项目质量的可靠度，科学、有效地避免事故的发生，提高建筑工程安全等级。如何有效统筹不同专业、工种之间的协同管理，实现 BIM 技术在建筑工程各阶段、各专业之间的资源共享和协同工作，这一点是未来 BIM 技术应用研究的关键所在。

Randy Deutsch 教授曾经说过，BIM 技术推广应用遇到的问题，10% 是技术问题，90% 是制度环境问题。从目前已有研究来看，BIM 技术推广应用遇到的 90% 的问题属于基础理论协同性问题，这一数据同时也说明，BIM 技术的发展、应用和推广并非技术难题，其难度更多在于不同角色、不同专业人员之间的统筹协同管理问题，应该采用多工种共平台模式，进一步缩短信息交流的时滞性，才能达到建筑工程项目质量控制的要求，有效减少事故发生的频率，提高建筑工程的安全等级。建筑工程自身具有碎片化的行业特点，因此，就亟须建立一个信息资源共享与协同合作的平台支持，以实现现场施工与后台运营的同步协作。

图 2-4 为一个基于 BIM 协同工作平台的项目全生命周期工作流程的框架示意图。在 BIM

协同工作平台上，业主、设计人员、施工人员、供应商以及监理人员处于资源共享状态，相关管理人员能在后台及时获得现场施工信息的反馈，能够与施工阶段的施工人员、承包商和监理人员进行有效的交流与信息共享，通过沟通及时发现问题，通过交流协调顺利解决问题，从而保证建筑工程项目能够安全、可靠地进行下去。

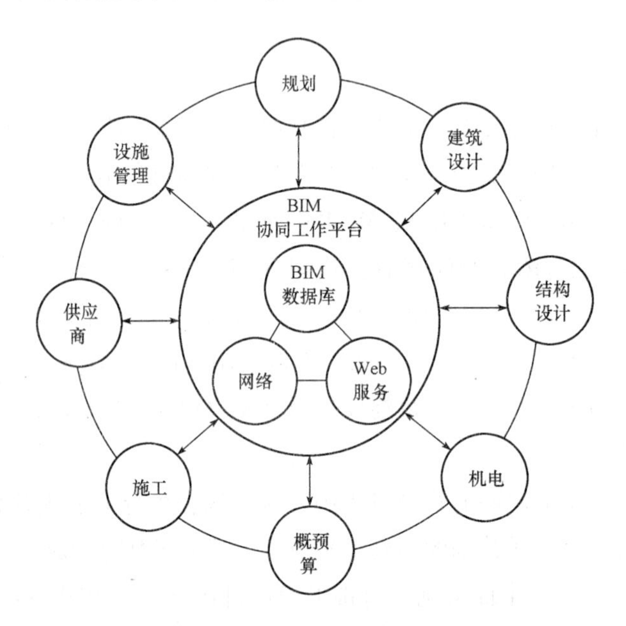

图 2-4　基于 BIM 协同工作平台的项目全生命周期工作流程的框架示意图

二、常用 BIM 软件介绍

1. 鲁班 BIM

目前，国内相关软件中最有口碑的当属鲁班 BIM，鲁班软件多年来始终致力于 BIM 技术的研发推广，该公司秉承“推进中国建筑行业共同迈入智慧建造时代”的使命，始终定位于建造阶段 BIM 软件系统的研发推广和服务。作为国内建筑行业较为领先的 BIM 软件厂商和建筑工程项目解决方案的提供商，鲁班 BIM 系列软件从专业个人岗位级别应用，到工程项目级别应用和建筑企业级别协同应用，形成了一整套完整的具有自主知识产权的基于 BIM 技术的软件系统和工程项目解决方案，并且能够实现与上下游的开放共享。迄今为止，鲁班 BIM 已经积累了超过 100 个 BIM 的实际工程应用案例，通过整合研究，逐步形成一套完整的 BIM 技术应用体系，获得了机构用户的一致好评，在国内施工阶段 BIM 技术应用中处于领先地位。鲁班 BIM 具有独创的 7DBIM 应用技术，即通过 3D 实体建模、1D 时间管控、1DBBS（投标工序）、1DEBS（企业定额工序）以及 1DWBS（进度工序），逐项进行工程建造阶段项目全过程管理，提高精细化管理水平，整体提高建筑企业的经济效益、工程质量和工期进度，为建筑企业创造价值，提高建筑企业核心市场竞争力。

鲁班 BIM 整合了鲁班旗下的鲁班土建、鲁班钢筋、鲁班安装以及鲁班钢构等多平台应用软件，其在设计阶段、施工阶段和运营维护阶段的主要应用点如下。

（1）建造阶段碰撞检查。鲁班 BIM 适用于建造阶段的碰撞检查分析，同时结合深化设计图纸和专项施工方案，并且根据结构实测反馈结果和深化设计图纸，自动分析查找碰撞点，进而自主优化施工班组人员、机械安排，完整体现 BIM 技术的智能化施工方案编排。

（2）材料过程控制。利用鲁班下料软件，能够及时根据获取的准确材料用量，制定合理的采购计划方案，并且能够进行限额领料，进而有效控制材料飞单。

（3）对外造价管理。鲁班造价软件能通过自带的区域造价统计功能，快速进行工程进度成本确认、工程产值精确核算以及工程其他相关项目的费用审核工作。

（4）内部成本控制。BIM 基于模型分区优化系统，对建筑工程项目进行实时多算对比、全过程成本管控，有效降低工程造价成本，同时提高工程质量安全。

（5）虚拟施工指导。提高虚拟 3D 可视化管理，使施工工程中的难点提前反映出来，通过对施工方案进行 3D 虚拟以及进行施工动画制作，能够直观、有效地展现施工工艺流程，有助于进一步优化施工过程管理。

（6）钢筋下料优化。利用鲁班钢筋软件进行工程现场的钢筋下料计算优化，能够有效降低钢筋损耗、优化断料组合以及进行钢筋翻样的测算工作。

（7）工程档案管理。建立 BIM 资料数据库，将工程项目中的构件、资料等一一对应，可以使应用、查找方便快捷，而且统一存档不易丢失，极大地提高了工作效率，减少了工作失误，减少了建筑工程事故的源头。

（8）设备全尺寸模型。通过鲁班 BIM3D 化建筑工程管理，可以模拟复杂节点或者模拟重要设备，对设备充分还原，有利于施工的进行。

2. Revit

Autodesk 公司的 Revit 建筑、结构和机电系列软件，在我国国内建筑设计方面凭借着本公司 CAD 系列广布的天然优势，已再次占有很大市场份额。Revit 软件是欧特克 BIM 套件，它主要为建筑设计师提供设计工具，包括 Revit Architecture、Revit MEP、Revit Structure 软件。Revit 以建筑构件为建筑基本元素，通过构件本身属性信息进行建筑信息表达，同时支持自定义构件。

对于结构专业来说，BIM 软件也是在 Revit 系列之间选择。Revit 软件的配筋计算能力并不成熟，但是可以通过 PKPM 等接口软件结合 Revit 软件进行配筋计算工作。一般来说，是这样的工作模式：结构工程师根据建筑师的条件运用 PKPM 进行结构结算，经过优化调整再导入 Revit 软件生成模型，这个过程虽然有往复但是比较实用。目前，结构专业主要用于建立 BIM 和建筑及机电专业的配合，直接出结构图还比较少。

设备专业的团队可以在 BIM 技术中获得直接的好处。直观的管线综合可以有效地降低机电专业的变更量；管线综合的工作就是把设备专业的管线通过建模虚拟建造出来，可以直观地调整管线的空间关系；还可以运用BIM软件丰富的结构进行绿建设计，通过调整形体和表皮得到能耗变化的曲线，通过动态的数据监控模型的变化做到真正的参数化设计；族文件的编写和使用在这个过程中需要长期的积累和完善，不过用来出机电管线综合图是可以做到的。

Revit 软件在以下方面具有显著特色：

（1）全专业。Revit 不仅可以解决机电和结构相关问题，同时，它支持与可视化、仿真、分析软件 Navisworks 无缝衔接，实现建筑管线碰撞检测、现场实时漫游、多专业协调等重要应用。另外，欧特克其他图形表现软件 3ds Max 在建筑效果表达、绿色能耗分析方面均可实现数据无损利用，体现了 Revit 在建筑领域的整体优势。

（2）智能功能。强大联动功能，平面图、立面图、剖面图和明细表之间双向关联，一处修改，处处更新，自动避免低级错误。

（3）建筑出图。在精确建模的基础上，用 Revit 建模生成的平、立面图完全对应起来，图面质量受人的因素影响很小，而对建筑和 CAD 绘图理解不深的设计师画的平、立面图可能有很多地方不对应。

（4）强大扩展。一款软件本身强大与否不重要，重要的是是否支持扩展。Revit 全面开放接口，支持二次开发，培育了软件上下游体系。相关二次开发不仅能解决软件现有功能不足的问题，同时可以支持自定义数据转换、统计提取和专业扩展。无论是广联达的算量还是 PKPM 的结构分析，未来都将实现与 Revit 的无缝衔接。

3. Tekla Structures

Xsteel 是世界盛名的钢结构详图软件，于 2004 年更名为 Tekla Structures，新的软件已经不仅仅具有钢结构模块，更具备了结构设计模块、混凝土模块等，拥有了更加完善的功能。

Tekla Structures 对任何项目——大型的或小型的、复杂的或简单的都有完美无缺的解决方案。Tekla Structures 是一个功能强大、灵活的三维深化与建模软件方案，它集成了从销售、投标到深化、制造和安装等整个工作流程。

Tekla Structures 是一套多功能的三维建模软件，拥有创建各种类型钢结构的能力。它能轻松而又精确地设计和创建任意尺寸的、复杂的智能钢结构模型。借助这个模型，在设计、制造、安装过程中自由地进行信息交换。

Tekla Structures 特有的基于模型的建筑系统可以创建一个智能的三维模型。模型中包含加工制造以及安装时所需的一切信息。可以自动地创建车间详图及各类材料报表。

Tekla Structures 提供了各种各样非常易用的工具，以及浩大的节点库，可以通过自动连接及自动默认功能安装到结构上面。

4. ArchiCAD

ArchiCAD 是一款最早占有市场的核心 BIM 建模软件，是针对建筑设计推出的设计软件，其支持 BIM 工作流程，可实现模型在建筑全生命周期的运用，其在国内市场的占有率很难有突破，因为它仅限于建筑学专业人员使用，国内的设计基本都是多专业一体化设计，所以严重不匹配国内市场。

ArchiCAD 作为知名 BIM 设计软件具有以下显著特性：

（1）更符合建筑师的运用习惯。建筑师可以根据自己的需要生成任何表现形式——平面图、立面图、剖面图、3D 模型或者材质描述、面积计算等。

（2）更轻量化。ArchiCAD 本身技术架构的优越性大大降低了对硬件的要求，即使在普通的计算机上，也可以进行方便的设计工作。

（3）支持通用数据格式。ArchiCAD 对通用建筑 IFC 数据标准有良好支持，大大方便了基于 IFC 数据格式，在不同 BIM 应用软件间的数据转换，可实现 BIM 一套模型贯穿始终的目的，降低重复建模工作量。

（4）整体解决方案。ArchiCAD 不仅提供了设计软件，还提供了基于云端服务器解决方案，支持基于互联网的多方协作。同时，也提供了支持移动终端的 BIMX 可视化浏览方案，可大大提高展示效果。

虽然 ArchiCAD 有着很多优点，但是不可否认，ArchiCAD 仍然有一些显著短板，没有完全形成自有的 BIM 软件体系，从而影响 BIM 整体解决方案。作为一款更适合设计师使用的小而美的设计软件，相对于臃肿庞大的 Revit 解决方案，ArchiCAD 有着自己的应用场景和市场空间。

5. 广联达

广联达基于完整三维模型、支持模型和工程量信息外部交互，具备多专业多客户协同能力，符合国家 BIM 标准和计量规范，解决了全生命周期工程量计算问题。支持三维模型的创建、编辑、显示、计算，提供完整的建筑三维模型。能够导入二维、三维设计模型，能够导出符合 BIM 标准的三维模型和工程量信息。模型数据符合国家 BIM 标准，计量规则符合国家清单和定额标准。提供估算、概算、预算、施工过程计算和结算过程的算量解决方案。

以 BIM 平台为核心，集成土建、机电、钢构等全专业数据模型，并以 BIM 模型为载体，实现进度、预算、物资、图纸、合同、质量、安全等业务信息关联，通过三维漫游、施工流水划分、工况模拟、复杂节点模拟、施工交底、形象进度查看、物资提量、分包审核等核心应用，帮助技术、生产、商务、管理等人员进行有效决策和精细管理，从而达到减少项目变更，缩短项目工期、控制项目成本、提升施工质量的目的。

6. 斯维尔

斯维尔软件长期致力于建设行业信息化专业领域发展，依据住房和城乡建设部《建筑企业施工总承包特级资质标准信息化考评细则》，对建设全过程中的工程项目管理实现信息化全覆盖，以合同管理为依据，以进度为主线，以算量计价为经济基础，以工程项目管理为核心，以成本控制为目标，实时动态监控项目的运转，达到全面控制工程项目、帮助企业提升工程项目管理能力、提高企业各项管理及知识库建设水平、铸造核心竞争力的目的。

斯维尔 BIM 实施方案价值如下：

（1）采用 B/S 架构，用户通过浏览器即可使用本系统，无机构扩展限制、无用户数限制、无节点数限制；

（2）工程管理系统与 AutoCAD 图纸、计价等专业软件无缝衔接；

（3）具有任务提醒功能；

（4）能进行项目工程的进度质量控制、验收结算和综合考评，助您保质保量完成工程项目；

（5）具有工程搜索功能，例如工程的里程碑状态的查询、统计，可随时了解工程动态；

（6）可建立完善的身份识别和安全保证体系（如单点登录、动态密码、双认证等），以确保系统和数据安全；

（7）统一数据接口，为集团总部、分公司等提供数据共享（如图纸查询）和人性化沟通交流平台。

7. Bentley 公司的建筑、结构和设备系列

Bentley 系列产品多用于工厂和基础设施（道路、铁路、桥梁、市政、水利等）设计，公司提供基础设施领域各个环节的软件，可为建筑、工厂、基础设施和地理信息管理提供综合性解决方案。此外，Bentley 公司还提供了支持多用户和多项目的 Bentley Project Wise 管理平台。该款软件的优点在于支持自由曲面和不规则几何造型，可大大减少建筑师和工程师的工作量，并且在施工图纸的生成方面，它也能够提供精确的定位，使用户在各阶段的建模变得简易和快捷。其缺点在于 Bentley 公司针对不同专业设计了不同的用户界面及操作方式，造成用户使用过程复杂，上手难度高，且 Bentley 系统对各专业的工作配合要求高，其不同专业间的功能模块又不尽相同，在短时间内完全学习掌握有一定难度，其互用性差的缺点使其不同功能的系统只能单独被应用。

8. CATIA 和 Digital Project

Dassault 公司的 CATIA 在航空、汽车等方面市场占有率都是第一，它在机械设计领域是全球最高端的，但其尚未能与工程建设行业流畅兼容。Gery Technology 公司的 Digital Project 则是面向工程建设行业开发的应用型软件，其仍属于 CATIA，相当于在其基础上进行的深层次开发。

第四节　BIM 在中国的推广与应用发展

一、BIM 在中国的推广

2003 年，美国 Bentley 公司在中国 Bentley 用户大会上推广 BIM，这是我国最早推广 BIM 的活动。2004 年，美国 Autodesk 公司推出“长城计划”的合作项目，与清华大学、同济大学、华南理工大学、哈尔滨工业大学四所在国内建筑业内有重要地位的著名大学合作组建“BLM-BIM 联合实验室”。Autodesk 公司免费向这四所学校提供 Revit、Civil3D、Buzzsaw 等基于 BIM 的软件，而四校则要为学生开设学习这些软件的课程。同时，由上述四校教师联合编写出版“BIM 理论与实践丛书”，并由同济大学丁士昭教授任丛书编委会主编。丛书共

四册，即《建设工程信息化导论》《工程项目信息化管理》《信息化建筑设计》《信息化土木工程设计》。这是国内第一批介绍 BIM 和 BIM 理论与实践的专著。Autodesk 公司的高层管理人员专门为这四本书分别撰写了序言。

一些机构在软件商的赞助下也通过组织 BIM 设计大赛的形式推广 BIM。比较有影响的设计大赛有：由全国高校建筑学学科专业指导委员会主办的“Autodesk Revit 杯”全国大学生建筑设计竞赛，参赛对象是高校在读的建筑学专业的学生；由中国勘测设计协会主办的“创新杯”BIM 设计大赛，参赛对象是各勘察设计单位。该设计大赛设置了“最佳 BIM 建筑设计奖”“最佳 BIM 工程设计奖”“最佳 BIM 协同设计奖”“最佳 BIM 应用企业奖”“最佳绿色分析应用奖”和“最佳 BIM 拓展应用奖”等奖项。分别按照民用建筑领域、工业工程领域以及基础设施（交通、桥梁、市政、水利、地矿等）领域进行评选，以鼓励在不同领域创造了实际生产实践价值的项目和单位。

这些设计竞赛，对 BIM 应用的推广起了积极的作用。

二、BIM 在中国的应用发展

国内建设工程项目 BIM 的应用始于建筑设计，一些设计单位开始探索应用 BIM 技术并尝到了初步甜头。其中，为北京 2008 年奥运会而建设的国家游泳中心（“水立方”），因为应用了 BIM 技术，在较短的时间内解决了复杂的钢结构设计问题而获得了 2005 年美国建筑师学会（AIA）颁发的 BIM 优秀奖。经过近几年的发展，目前国内大中型设计企业基本上拥有了专门的 BIM 团队，积累了一批应用 BIM 技术的设计成果与实践经验。

在设计的带动下，在施工与运营中如何应用 BIM 技术也开始了探索与实践。BIM 技术的应用在 2010 年上海世博会众多项目中取得了成功。特别是 2010 年以来，许多项目特别是大型项目已经开始在部分工序中应用 BIM 技术。像上海中心大厦这样的超大型项目，在业主的主导下全面展开了 BIM 技术的应用。青岛海湾大桥、广州东塔、北京的银河 SOHO 等具有影响的大型项目也相继在项目中展开了 BIM 技术的应用。这些项目在应用 BIM 技术中取得的成果为其他项目应用 BIM 技术做出了榜样，应用 BIM 技术所带来的经济效益和社会效益正在被国内越来越多的业主和建筑从业人员所了解。

目前，在国内虽然只有为数不多的项目在应用 BIM 技术，但这些项目多体量巨大、工程复杂，项目的各参与方对 BIM 技术的应用非常重视，因此这些项目 BIM 技术的应用水平都比较高，收到了较好的应用效果。虽然施工企业应用 BIM 技术的起步比起设计企业稍晚，但由于不少大型施工企业非常重视，组织专门的团队对 BIM 技术的实施进行探索，其应用规模不断扩展，成功的案例不断出现。

随着近几年建筑业界对 BIM 的认知度的不断提升，许多房地产商和业主已将 BIM 作为发展自身核心竞争力的有力手段，并积极探索 BIM 技术的应用。由于许多大型项目都要求在全生命周期中使用 BIM 技术，在招标合同中写入了有关 BIM 技术的条款，BIM 技术已经成为建筑企业参与项目投标的必备手段。

三、政府政策与技术标准

BIM 应用的发展离不开技术标准，早在 2007 年，我国就颁布了建筑工业行业标准《建筑对象数字化定义（Building Information Model Platform）》（JG/T 198—2007），请注意该标准名的英文名称是“建筑信息模型平台”的意思。其实这个标准是非等同采用国际标准 ISO/PAS 16739：2005《工业基础类 2x 平台》（Industry Foundation Classes，Release 2x，Platform specification）的部分内容。3 年之后，即 2010 年，等同采用 ISO/PAS 16739：2005 全部内容的国家标准《工业基础类平台规范》（GB/T 25507—2010）正式颁布。由于工业基础类（IFC）是 BIM 的技术基础，在颁布了有关 IFC 的国家标准后，我国在推进 BIM 技术标准化方面又前进了一大步。

随着 BIM 应用在国内的不断发展，住房和城乡建设部在 2011 年 5 月发布的《2011—2015 年建筑业信息化发展纲要》的总体目标中提出了“加快建筑信息模型（BIM）、基于网络的协同工作等新技术在工程中的应用，推动信息化标准建设”的目标。为了落实纲要的目标，住房和城乡建设部于 2015 年推出了《关于推进 BIM 技术在建筑领域应用的指导意见》。并在标准制定、软件开发、示范工程、政府项目等方面制定出推进 BIM 应用的近期和中远期目标。

2012 年 1 月，住房和城乡建设部下达的《关于印发 2012 年工程建设标准规范制订修订计划的通知》标志着中国 BIM 标准制定工作正式启动，该通知包含了要制定 5 项与 BIM 相关的标准：《建筑工程信息模型应用统一标准》《建筑工程信息模型存储标准》《建筑工程设计信息模型交付标准》《建筑工程设计信息模型分类和编码标准》《制造工业工程设计信息模型应用标准》。这些标准的制定，对我国的 BIM 应用产生巨大的指导作用。

我国有些地方政府积极推进地方 BIM 标准的制定工作。北京市地方标准《民用建筑信息模型设计标准》已于 2014 年 2 月 26 日颁布，2014 年 9 月 1 日起执行。

还有一些地方政府通过采取不同的措施对 BIM 的应用给予积极的支持和鼓励。例如北京市和广东省，在这些省市的优秀建筑设计评优中增加了“BIM 优秀设计奖”或“优秀工程专项奖（BIM 设计）”；而江苏省和四川省则举办了省一级的 BIM 应用设计大赛，通过评奖来鼓励 BIM 的应用。

四、BIM 应用人才的培养

随着 BIM 应用的不断发展，对于 BIM 应用的人才需求也日益增加。

2012 年，华中科技大学在国内首先开设 BIM 工程硕士班，随后，重庆大学、广州大学和武汉大学也相继开设了 BIM 工程硕士班。我国高校建筑学、建筑工程管理等专业也加大了对建筑数字技术课的改革力度，其建筑数字技术课的一半课时将用于 BIM 的教学，已有学校的这些专业在毕业设计或毕业论文中涉及 BIM 的应用。

2013 年 9 月 24 日，buildingSMART 中国分部成立大会在北京召开，buildingSMART 中国

分部挂靠在中国建筑标准设计研究院。这个事件标志着我国和 buildingSMART 的合作进入了新的阶段，中国的 BIM 事业正在与国际接轨。

本章小结

本章主要对 BIM 的由来、BIM 标准的发展、BIM 软件的发展以及其在我们国家的推广与应用进行了介绍，使读者了解了 BIM 技术现有的常用软件以及在我国各个领域的应用与发展。

思考题

BIM 常用的相关软件有哪些？各个软件分别有哪些优点？

第三章

BIM 应用概述

BIM 有着很广泛的应用范围，纵向上可以跨越设施的整个生命周期，横向上可以覆盖不同的专业和工种，使得在不同的阶段，不同岗位的人员都可以应用 BIM 技术来开展工作。本章将对 BIM 技术在设施全生命周期不同阶段中的应用进行概括性介绍。

结合目前国内 BIM 技术的发展现状、市场对 BIM 应用的接受程度以及国内工程建设行业的特点，对中国建筑市场 BIM 的典型应用进行归纳和分类，得出了四个阶段共 20 种典型应用（图 3-1）。

规划	设计	施工	运营
BIM模型维护			
场地分析			
建筑策划			
方案论证			
	可视化设计		
	协同设计		
	性能化分析		
	工程量统计		
	管理综合		
		施工进度模拟	
		施工组织模拟	
		数字化建造	
		物实跟踪	
		施工现场配合	
		竣工模型交付	
			维护计划
			资产管理
			空间管理
			建筑系统分析
			灾害应急模拟

图 3-1　BIM 技术在我国国内的 20 种典型应用

以下分别就规划阶段（项目前期策划阶段）、设计阶段、施工阶段和运营阶段 BIM 的应用进行概括性介绍。

第一节　项目前期策划阶段 BIM 的应用

项目前期策划阶段对整个建筑工程项目的影响很大。前期策划做得好，随后进行的设计、施工就会进展顺利；前期策划做得不好，将会对后续各个工程阶段造成不良的影响。

项目前期策划阶段的工作对于成本、建筑物的功能影响力是最大的，随着项目的逐渐开展，越往后这种影响力就越小。同样的，在项目前期策划阶段改变设计所花费的费用较低，随着项目的开展，由于与潜在的项目延误、浪费和交付成本增加有着直接的关联，越往后改变设计所花费的费用就越高。

由于上述原因，在项目的前期策划阶段就应当及早应用 BIM 技术，使项目所有利益相关者能够早一点在一起参与项目的前期策划，让每个参与方都可以及早发现各种问题并做好协调，以保证项目的设计、施工和交付能顺利进行，减少各种不必要的浪费和延误。

BIM 技术应用在项目前期策划阶段的工作有很多，大致可以分为基于 BIM 的标准单元库、基于 BIM 的建筑项目快速方案建模、基于 BIM 的方案分析与模拟、基于 BIM 的数字化成果交付四个阶段。下面以房屋建设为例来讲述。

一、基于 BIM 的标准单元库

基于 BIM 的标准单元库的建立包括：

（1）建立建筑标准构件、户型的 BIM 模型库；

（2）存储户型 3D 模型以及关联信息，包括项目信息，尺寸、面积、售价等基本信息，客户定位，性能及经济指标以及施工进度等。

二、基于 BIM 的建筑项目快速方案建模

基于 BIM 的建筑项目快速方案建模包括：

（1）建立户型、标准层、单体建筑、小区模型；

（2）集成品质、经济、进度、绿色性能等相关信息。

三、基于 BIM 的方案分析与模拟

基于 BIM 的方案分析与模拟包括：

（1）进行性能分析、经济分析、品质分析、销售分析等；

（2）开展 4D 施工进度-销售耦合模拟；

（3）进行动态直观展示方案及可视化信息查询；

（4）进行多方案对比。

四、基于 BIM 的数字化成果交付

基于 BIM 的数字化成果交付包括：

（1）提交数字化方案，数字化方案成果包括项目策划书、总平面图、施工进度计划；
（2）提交测算表以及 BIM 模型，作为建筑方案设计基础，交付设计院。

第二节　项目设计阶段 BIM 的应用

从 BIM 的发展历史可以知道，BIM 最早就是应用于建筑设计，然后再扩展到建筑工程的其他阶段。

BIM 在建筑设计的应用范围很广，无论在设计方案论证，还是在设计创作、协同设计、建筑性能分析、结构分析，以及在绿色建筑评估、规范验证、工程量统计等许多方面都有广泛的应用。

BIM 为设计方案的论证带来了很多的便利。由于 BIM 的应用，传统的 2D 设计模式已被 3D 模型所取代，3D 模型所展示的设计效果十分方便评审人员、业主和用户对方案进行评估，甚至可以就当前的设计方案讨论可施工性的问题、如何削减成本和缩短工期等问题，经过审查最终为修改设计提供可行的方案。由于是用可视化方式进行，可获得来自最终用户和业主的积极反馈，使决策的时间大大减少，促成了共识。

基于 BIM 的工程设计采用具有 BIM 建模及设计功能的 CAD 系统，为工程设计带来了从 2D 到 3D 到 BIM 设计的第二次革命。具体包括：

一、三维协同设计

（1）能够根据 3D 模型自动生成各种图形和文档，并始终与模型逻辑相关。当模型发生变化，与之关联的图形和文档将自动更新。

（2）设计过程中所创建的对象存在着内在的逻辑关联关系。当某个对象发生变化时，与之关联的对象能随之变化。由于生成的各种图纸都是来源于同一个建筑模型，因此所有的图纸和图表都是相互关联的，同时这种关联互动是实时的。在任何视图上对设计做出的任何更改，就等同对模型的修改，都马上可以在其他视图上关联的地方反映出来。这就从根本上避免了不同视图之间不一致的现象。

二、不同专业之间的信息共享和协同工作

（1）各专业 CAD 系统可从信息模型中获取所需的设计参数和相关信息。
（2）不需要重复录入数据，减少数据冗余、歧义和错误。
（3）某个专业设计的对象被修改，其他专业设计中的该对象都会随之更新。

三、基于 BIM 的设计可视化展示

（1）利用 Revit 等软件进行建筑、结构、机电 BIM 建模。

（2）可视化展示设计结果。由于基于 BIM 的设计软件以 3D 的墙体、门、窗、楼梯等建筑构件作为构成 BIM 模型的基本图形元素。整个设计过程就是不断确定和修改各种建筑构件的参数，全面采用可视化的参数化设计方式进行设计。而且这个 BIM 模型中的构件实现了数据关联和智能互动。所有的数据都集成在 BIM 模型中，其交付的设计成果就是 BIM 模型。至于各种平面图、立面图、剖面图 2D 图纸都可以根据模型随意生成，各种 3D 效果图、3D 动画的生成也是这样。这就为生成施工图和实现设计可视化提供了方便。

（3）直观理解设计方案，检验设计的可施工性，提前发现设计问题。

四、基于 BIM 的设计碰撞检测

（1）将 BIM 模型通过 IFC 或 . rvt 文件导入专业碰撞检测。

（2）进行结构构件及管线综合的碰撞检测和分析。例如，应用 BIM 技术可以检查建筑、结构、设备平面图布置有没有冲突，楼层高度是否适宜；楼梯布置与其他设计布置是否协调；建筑物空调、给水排水等各种管道布置与梁柱位置有没有冲突和碰撞，所留的空间高度、宽度是否恰当等，这就避免了使用 2D 的 CAD 软件搞建筑设计时容易出现的不同视图、不同专业设计图不一致的现象。

（3）减少设计变更。

五、基于 BIM 的性能设计

（1）可以进行日照、通风、声学、能耗等性能分析。

（2）可以开展灾害模拟，如火灾烟气与温度场、地震倒塌等模拟。

（3）可以开展人流疏散及交通模拟等。

六、与施工阶段信息共享

（1）深化设计。以前应用 2D 的 CAD 软件搞设计，由于绘制施工图的工作量很大，建筑师无法花很多的时间对设计方案进行精心的推敲，否则就不够时间绘制施工图以及后期的调整。而应用 BIM 技术进行设计后，建筑师能够把主要精力放在建筑设计的核心工作——设计构思和相关分析上。只要完成了设计构思，确定了 BIM 模型的最后构成，就可以根据模型生成各种施工图，只需用很少的时间就能够完成施工图。

（2）工程算量。BIM 模型中信息的完备性也大大简化了设计阶段对工程量的统计工作。模型中每个构件都与 BIM 模型数据库中的成本项目相关，当设计师在 BIM 模型中对构件进行变更时，成本估算会实时更新，而设计师随时可看到更新的估算信息。

（3）基于 BIM 的施工管理。

第三节　项目施工阶段 BIM 的应用

到了项目施工阶段，对设计的变更往往会花费巨大的人力、物力、财力等。如果不在施工开始之前把设计存在的问题找出来，就需要付出高昂的代价。如果没有科学、合理的施工计划和施工组织安排，也需要为造成的窝工、延误、浪费等问题付出额外的费用。

根据以上分析，施工企业对于应用新技术和新方法减少错误、浪费，消除返工、延误，从而提高劳动生产率、带动利润的上升的积极性是很高的。生产实践也证明，BIM 在施工中的应用可以为施工企业带来巨大价值。

事实上，伴随着 BIM 理念在我国建筑行业内不断地被认知和认可，BIM 技术在施工实践中不断展现出的优越性使其对建筑企业的施工生产活动产生极为重要和深刻的影响，而且应用的效果也是非常显著的。

BIM 技术在施工阶段可以有如下多个方面的应用：3D 协调/管线综合、支持深化设计、场地使用规划、施工系统设计、施工进度模拟、施工组织模拟、数字化建造、施工质量与进度监控、物料跟踪等。

BIM 在施工阶段的这些应用，有赖于应用 BIM 技术建立起的 3D 模型。3D 模型提供了可视化的手段，为参加工程项目的各方展现了 2D 图纸所不能给予的视觉效果和认知角度，这就为碰撞检测和 3D 协调提供了良好的条件；同时，可以建立基于 BIM 的包含进度控制的 4D 的施工模型，实现虚拟施工；更进一步，还可以建立基于 BIM 的包含成本控制的 5D 模型。这样就能有效控制施工安排，减少返工，控制成本，为创造绿色环保低碳施工等方面提供有力的支持。

应用 BIM 技术可以为建筑施工带来新的面貌。

一、基于 BIM 的施工碰撞检测

在施工开始前利用 BIM 模型的 3D 可视化特性对各个专业（建筑、结构、给排水、机电、消防、电梯等）的设计进行空间协调，检查各个专业管道之间的碰撞以及管道与房屋结构中的梁、柱的碰撞。如发现碰撞则及时调整，这就能较好地避免施工中管道发生碰撞和拆除重新安装的问题。上海市的虹桥枢纽工程，由于没有应用 BIM 技术，仅管线碰撞一项损失就高达 5 000 多万元。

（1）将 BIM 模型通过 IFC 或 . rvt 文件导入专业碰撞检测软件。

（2）进行结构构件及管线综合的碰撞检测和分析。

（3）建立动态的场地模型，进行场地设施与建筑结构以及设施之间的碰撞分析，提前发现安全问题，优化场地布置。

（4）相关软件：Autodesk Naviswork、Bentley Navigator、清华大学的 4D-BIM 系统。

二、基于 BIM 的施工模拟

施工企业可以在 BIM 模型上对施工计划和施工方案进行分析模拟，充分利用空间和资源，消除冲突，得到最优施工计划和方案。特别是在复杂区域应用 3D 的 BIM 模型，直接向施工人员进行施工交底和作业指导，使效果更加直观、方便。

（1）将BIM模型通过IFC或.rvt文件导入施工模拟软件。

（2）对建造过程或重要环节及工艺进行模拟。

（3）减少设计变更、优化施工方案与资源配置。

（4）相关软件：Autodesk Naviswork、Bentley Navigator、清华大学的4D-BIM系统。

三、基于BIM的工程深化设计

通过应用BIM模型对新形式、新结构、新工艺和复杂节点等施工难点进行分析模拟，可以改进设计方案的可施工性，使原本在施工现场才能发现的问题在设计阶段就得到解决，以达到降低成本、缩短工期、减少错误和浪费的目的。

（1）基于结构、设备管线BIM模型，通过IFC或.rvt文件导入Tekla、CATIA等专业设计软件进行深化设计。

（2）基于碰撞检测结果，通过BIM建模软件（Revit系列+Navisworks）直接调整结构、建筑、机电等专业设计。

四、基于BIM的工程算量

将BIM模型导入广联达、鲁班等工程算量软件，进行工程算量和概预算。

五、基于BIM的施工项目管理

（1）通过BIM技术与3D激光扫描、视频、照相、GPS（Global Positioning System，全球定位系统）、移动通信、RFID（Radio Frequency Identification，射频识别）、互联网等技术的集成，可以实现对现场的构件、设备以及施工进度和质量的实时跟踪。

（2）通过BIM技术和管理信息系统集成，可以有效支持造价、采购、库存、财务等的动态和精确管理，减少库存开支，在竣工时可以生成项目竣工模型和相关文档，有利于后续的运营管理。

（3）BIM技术的应用大大改善了施工方与其他方面的沟通，业主、设计方、预制厂商、材料及设备供应商、用户等可利用BIM模型的可视化特性与施工方进行沟通，提高效率，减少错误。

六、虚拟施工

（1）在虚拟施工环境进行施工方法实验、施工方案优化和模拟。工程施工BIM应用的整体实施方案：如清华大学4D-BIM系统实现了基于BIM的进度、资源、质量、安全和场地布置的4D动态集成管理以及施工过程的4D可视化模拟。

（2）可以天、周、月为时间单位，按不同的时间间隔对施工进度进行模拟，形象地展示施工计划和实际进度。

（3）可以按工序和进度进行复杂工艺模拟，包括节间位置偏移。

案　例

4D-BIM 模型在重庆白沙沱长江大桥上的应用

一、新白沙沱长江大桥概况

重庆白沙沱长江大桥全长 5.3 km，为双层铁路钢桁梁斜拉桥，是渝黔铁路扩能改造工程的关键控制性工程。大桥不仅是渝黔铁路引入重庆铁路枢纽渝黔货运列车线和渝黔客车线的过江通道，同时大桥预留双线客运专线，作为重庆至长沙铁路（渝湘通道）的过江通道。大桥为双层六线铁路钢桁梁斜拉桥。

新白沙沱长江大桥（图 3-2）在既有川黔铁路白沙沱长江大桥下游 100 m 左右的位置跨越长江，上距地维长江大桥 2.4 km，下距拟建的长江小南海枢纽 2.4 km。大桥全长约 5.3 km。主桥位于重庆市长江白沙沱河段，一端位于重庆市江津区珞璜镇，另一端则坐落于重庆市大渡口区跳磴镇。

图 3-2　新白沙沱长江大桥

大桥上层为四线铁路客运专线，设计时速 200 km；下层是双线货车线，设计时速 120 km。大桥预留了小南海水利枢纽投入运营后库区 5 000 t 船舶通行净空、净高的要求并能承担船舶的意外撞击。

大桥于 2013 年 1 月开工，2015 年将完成大桥引桥部分，主桥将在 2016 年 8 月全桥竣工。该桥由中铁二院工程集团有限公司、中铁大桥勘测设计院有限公司联合设计，中铁大桥局集团承建，大桥上部结构钢桁梁由中铁山桥集团有限公司、武桥重工集团股份有限公司联合制造。总投资约24.0亿元人民币。

新白沙沱长江大桥是世界上首座六线铁路钢桁梁斜拉桥，也是世界上每千米载荷量最大的钢桁梁斜拉桥，同时也是世界上首座双层铁路钢桁梁斜拉桥。

二、BIM技术运用

2013年8月，渝黔铁路重庆新白沙沱长江大桥项目“BIM团队”成立。这座世界级的铁路大桥项目启动BIM（建筑信息模型）技术科研，标志着“4D”（四维）管控技术开始走进我国桥梁建设行业。桥梁工程设计、施工和运营面临着信息技术革命。

根据前期安排，在建的渝黔铁路新白沙沱长江大桥将建4D模型，可以模拟桥梁行车漫游、碰撞检查等，可以优化工程设计，提高桥梁的安全性、减少浪费等。

由中国中铁组织，中铁二院牵头，大桥各参建单位参加的新白沙沱长江大桥BIM团队成立。对拉索和钢梁部分进行详细模拟，进行碰撞检查等设计检查，优化检修、人行等辅助功能，模拟主要结构的施工工程，桩、塔座、桥塔、钢梁架设等；桥梁行车漫游、行走漫游、检修漫游。这样一来，可以虚拟大桥的实际施工过程，以便于在早期设计阶段发现问题，提前处理。并且可以精确计划、减少浪费，用碰撞检查减少返工等。

具体体现在：

1. 设计模型共享

（1）通过设计模型创建。这包括CATIA建模：68个桥节，0#-5#桥塔、桥墩、桥台；3ds Max模型：架梁吊机及地形；模型细度：达到拼接板级别；全桥包括37 000余零件、1 400余构件。

（2）模型轻量化：螺栓孔简化。

（3）模型导入，包括CATIA模型（图3-3）导入、3ds Max模型导入。

（4）模型集成。

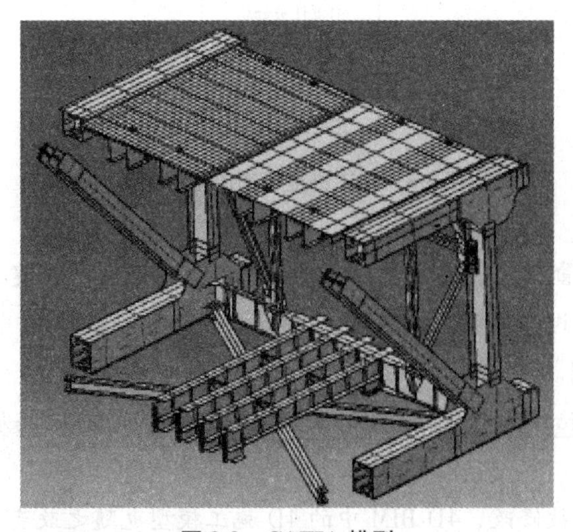

图3-3　CATIA模型

2. 4D-BIM 模型创建

通过 WBS 分解，将进度计划与 4D 模型关联，施工信息进行集成，形成 4D-BIM 模型（图 3-4）。

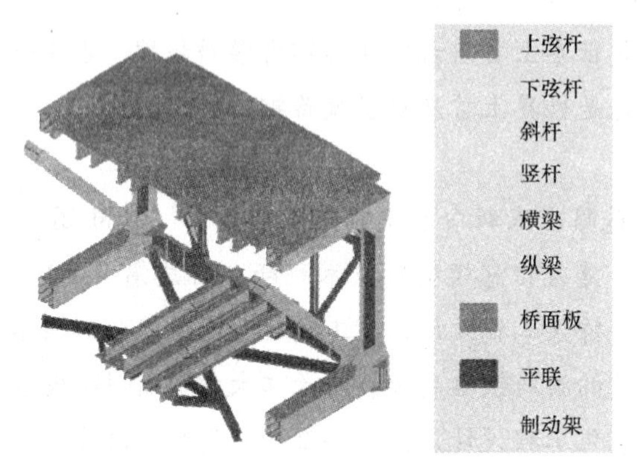

图 3-4　4D-BIM 模型

3. 4D 施工进度管理

按照图 3-5 所示 4D 施工进度管理流程开展进度管理。

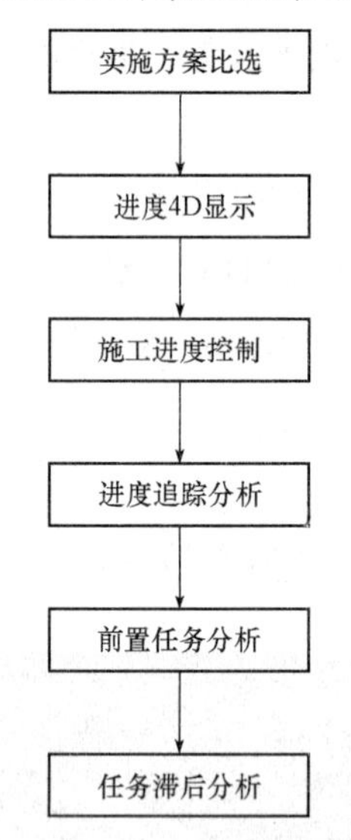

图 3-5　施工进度管理流程示意图

（1）4D 施工进度管理。实施方案比选、进度 4D 显示。允许建立多套施工进度方案，不同方案可快速切换，进行方案对比分析。

（2）施工进度控制。

①进度计划可在 Project 中用甘特图或网络图表示，也可 4D 动态展现。不同颜色表示不同施工工序和状态。

②Project 中的进度被修改，4D-BIM 中的 4D 施工模型也随之改变。

③在 4D-BIM 中修改任意施工节点的工期，自动调整 Project 进度计划。

（3）进度追踪分析。

①按指定时间段对整个工程、WBS 节点或施工段进行进度计划执行情况的跟踪分析、实际进度与计划进度的对比分析。

②清晰展示哪些工作提前完成、哪些工作按时完成、哪些工作延误。

（4）前置任务分析。查询任意任务的所有前置任务及其分包单位、完成情况等信息，支持多参与方之间的交流和协作，防止返工、窝工等问题发生。

（5）任务滞后分析。当某一任务延误，4D 系统会自动分析后续任务受到的影响，提醒有针对性地管控进度，保证工期。

4. 4D 施工模拟

可以按照如图 3-6 所示 4D 施工模拟流程开展进度管理。

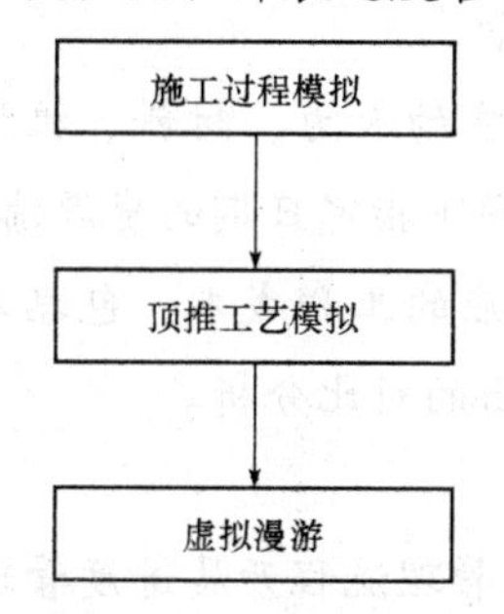

图 3-6　4D 施工模拟流程图

（1）可以天、周、月为时间单位，按不同的时间间隔对施工进度进行模拟，形象地展示施工计划和实际进度。

（2）按工序和进度进行复杂工艺模拟，包括节间位置偏移。

5. 施工信息动态查询与管理

可以按照如图 3-7 所示施工信息动态查询与管理流程开展进度管理。

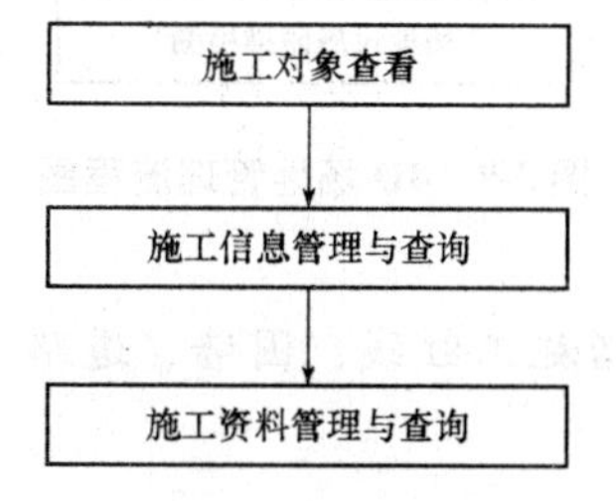

图 3-7　施工信息动态查询与管理流程图

6. 4D 动态资源管理

可以按照如图 3-8 所示 4D 资源管理流程开展进度管理。

（1）导入定额或工程清单，建立与构件及 WBS 的关联，支持动态资源管理。

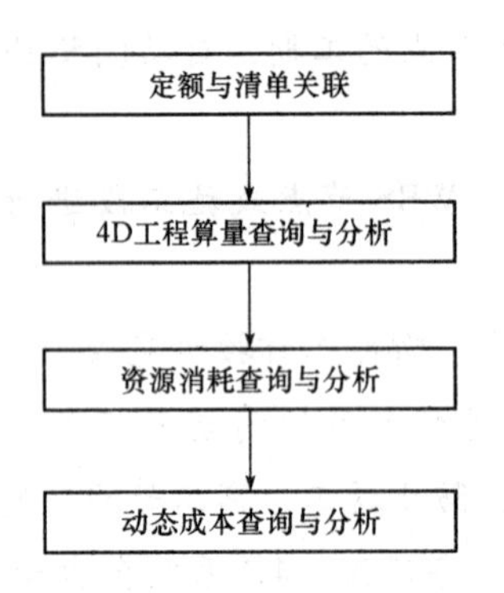

图 3-8　4D 动态资源管理流程图

(2) 相对计划和实际进度，自动计算整个工程、任意 WBS 节点、3D 施工段或构件在任意时间范围的工程量以及累计工程量。

(3) 自动计算指定时间段内相应的人力、材料、机械的计划用量和实际消耗量；提供资源计划和实际消耗的对比分析，预测指定日期的资源消耗量。

(4) 自动计算指定时间段内相应的工程成本，包括人力成本、材料成本、机械成本以及总成本；提供成本计划和实际支出的对比分析。

7. 4D 场地管理

可以按照如图 3-9 所示 4D 场地管理流程开展进度管理。

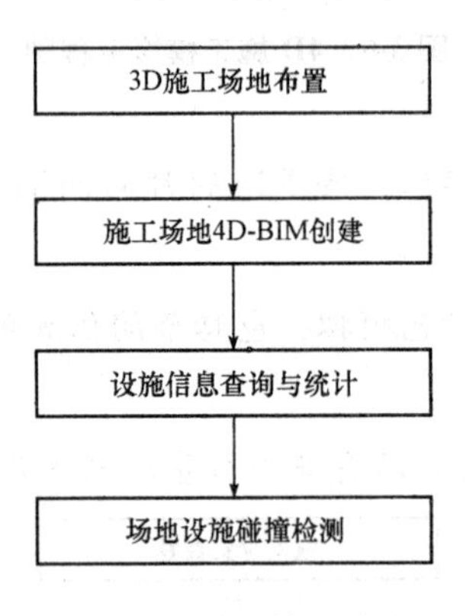

图 3-9　4D 场地管理流程图

(1) 3D 施工场地布置，包括施工红线、围墙、道路、临时房屋、材料堆放、加工场地、施工设备等设施。

(2) 将 3D 施工场地设施与进度和相关信息相关联，建立 4D 场地信息模型。

(3) 施工设施信息查询与统计分析。

(4) 场地设施碰撞检测分析，设施与建筑、设施之间的动态碰撞分析。

8. 安全质量管理

可以按照如图 3-10 所示安全质量管理流程开展进度管理。

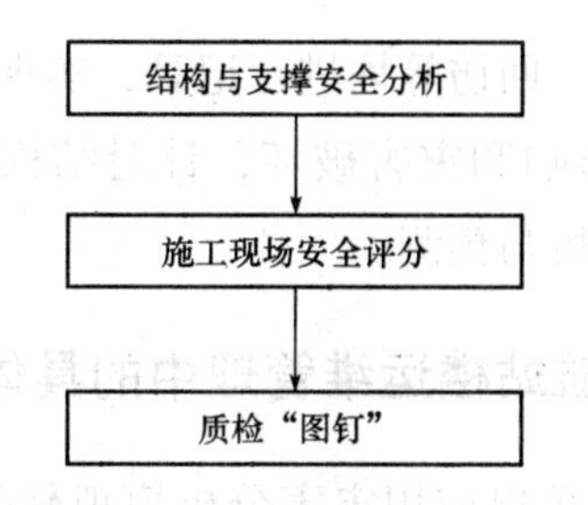

图 3-10　安全质量管理流程图

（1）自动由4D信息模型生成结构分析模型。

（2）进行施工期时变结构与支撑体系任意时间点的力学分析计算和安全性能评估。

第四节　运营维护阶段 BIM 的应用

建筑物的运营维护阶段，是建筑物全生命周期中最长的一个阶段，这个阶段的管理工作十分重要。由于需要长期运营维护，对运营维护的科学安排能够使运营的质量提高，同时也能有效地降低运营成本，从而对管理工作带来全面的提升。

不少设施管理机构每天仍然在重复低效率的工作。例如，人工计算建筑管理的各种费用；在一大堆纸质文档中寻找有关设备的维护手册；花了很多时间搜索竣工平面图但是毫无结果，最后才发现他们从一开始就没收到该平面图。这正是前面说到的因为没有解决互用性问题而造成的效率低下。如何提高设施在运营维护阶段的管理水平，降低运营和维护的成本？这一问题亟须解决。

随着 BIM 的出现，设施管理者看到了曙光，一些应用 BIM 进行设施管理的成功案例使管理者增强了信心。由于 BIM 中携带了建筑物全生命周期高质量的建筑信息，业主和运营商便可降低由于缺乏操作性而导致的成本损失。

一、运营维护阶段 BIM 应用的特点

（1）综合应用 GIS 技术，将 BIM 与维护管理计划相链接，实现建筑物业管理与楼宇设备的实时监控相集成的智能化和可视化管理。

BIM 能将建筑物空间信息、设备信息和其他信息有机地整合起来，结合运营维护管理系统可以充分发挥空间定位和数据记录的优势，合理制订运营、管理、维护计划，尽可能减少运营过程中的突发事件

（2）综合应用传感器、物联网等技术，基于 BIM 进行运营阶段的能耗分析和节能控制。通过 BIM 建立维护工作的历史记录，可以对设施和设备的状态进行跟踪，对一些重要设备的适用状态提前预判，并自动根据维护记录和保养计划提示到期需保养的设施和设备，对故

障的设备从派工维修到完工验收、回访等均进行记录，实现过程化管理。

（3）结合运营阶段的环境影响和灾害破坏，针对结构损伤、材料劣化以及灾害破坏，进行建筑结构安全性、耐久性分析与预测。

二、BIM 在昆明新机场航站楼运维管理中的具体应用

基于 BIM 模型丰富的信息，可以应用灾害分析模拟软件模拟建筑物可能遭遇的各种灾害发生与发展的过程，分析灾害发生的原因，根据分析制定防止灾害发生的措施，以及各种人员疏散、救援支持的应急预案。灾害发生后，可以以可视化方式将受灾现场的信息提供给救援人员，让救援人员迅速找到通往灾害现场最合适的路线，采取合理的应对措施，提高救灾的成效。例如，BIM 在昆明新机场航站楼运维管理中的应用，具体体现在：

（1）信息共享：支持施工 BIM 向运营维护阶段的无损传递。

（2）BIM 和 GIS 的数据转换：实现利用 BIM 数据进行 GIS 表现。

①图形数据：通过 BIM 导入 GIS 平台。

②属性数据：直接从 BIM 数据库获取。

③路径：基于建筑模型自动生成。

（3）主要应用功能：

①物业管理。

②机电管理。

③流程管理。

④库存管理。

⑤报修与维护管理。

本章小结

本章对设施全生命周期不同阶段 BIM 的应用进行了介绍。主要介绍了 BIM 在项目前期策划阶段、项目设计阶段、项目施工阶段、项目运营维护阶段中的应用。通过 4D-BIM 模型在重庆白沙沱长江大桥上的应用这一案例，重点介绍了项目施工阶段 BIM 的应用。

思考题

1. BIM 技术在项目施工阶段应用的优势。

2. BIM 技术在项目运营维护阶段应用的特点。

第四章

BIM工程质量管理

第一节 BIM工程质量管理概述

成本、进度、质量被称为工程项目建设的三大目标，是工程项目在各阶段的主要工作内容，也是工程建设各方主体工作的中心任务。无论是项目业主还是承包商及监理单位，都是围绕着这三大目标而开展工作的，如何有效地把握和管理三大目标是整个工程项目的重中之重。

在项目管理过程中，BIM包含的各种信息为工程项目各参与方提供了协调工作的基础，为项目建设全生命周期中的协调管理提供了技术支持和新的管理工具，它能有效地支持决策指定，改善项目管理工作情况。将BIM技术用于项目管理，对提高建筑质量、节约成本和缩短工期非常重要。

一、质量管理的定义

建筑工程质量是指在国家现行的有关法律、法规、技术标准、设计勘察文件及工程合同中，对工程的安全、使用、耐久及经济美观等特性的综合要求和综合指标。工程项目质量主要包含了功能和使用价值质量、工程实体质量。工程项目质量在功能和使用价值中体现在适用性、可靠性、耐久性、外观质量、环境协调性等，它的标准随着业主的需要而变化。

从工程质量的形成过程看，工程质量的形成经历了项目可行性研究和决策阶段、设计阶段、施工阶段、竣工验收阶段和质量保修阶段。因此，与一般工业产品不同，工程项目一般体型庞大、空间固定、建设周期较长且受到环境的影响大。这些特点也决定了工程项目质量具有影响因素多、质量波动大、质量变异大、隐蔽性强等特点。

质量管理就是指导和控制某组织与质量有关的彼此协调的活动。它通常包括质量方针和质量目标的建立、质量策划、质量保证和质量改进。因此，质量管理可进一步解释为确定和建立质量方针、目标和职责，并在质量体系中通过诸如质量策划、质量控制、质量保证和质量改进等手段来实施的全部管理职能的所有活动。

工程项目质量由于具有影响因素多、波动大、变异大、隐蔽性以及终检局限大等特点，造成工程项目质量管理中不可避免地会出现一些问题，又因为工程质量的重要性，它直接影响着整个项目的最终使用功能是否达标，影响着人民群众的生命财产安全，所以，工程质量管理要求把质量问题消灭在它的形成过程中。工程质量好与坏，以预防为主，全过程多环节致力于质量的提高，把工程质量管理的重点，由事后检查把关为主变为预防、改正为主，组织施工要制定科学的施工组织设计，从管结果变为管因素。

可以说，工程质量管理是指为实现质量目标而进行的管理活动，工程质量管理是随着时间、地点、外界条件和人等因素的发展而变化的，是动态的管理。同时，工程项目质量管理不是一个单一的、短期的过程，而应该是一个长期的、系统的过程。

二、质量管理的发展

质量管理的发展是同科学技术的发展、生产力的发展和管理科学的现代化紧密地联系在一起的。按照解决质量问题所依据的手段和方式，质量管理的发展大致经历了质量检验、统计质量管理和全面质量管理三个阶段。

全面质量管理可以说是对质量管理最全面的注释，即是以保证和提高广义的质量概念为中心内容，把质量概念当作一个动态概念，把质量目标作为整个系统的目标。这是全面质量管理在思想认识方面，根据质量第一、系统管理、科学决策、信息处理的要求，形成许多重要的管理思想和基本观点，并组合为全面质量管理的思想体系。

三、影响质量管理的因素

在工程建设中，无论是勘察、设计、施工还是机电设备的安装，影响工程质量的主要因素包括人（Man）的因素、材料（Material）的因素、机械（Machine）因素、方法（Method）因素以及环境（Environment）因素，简称为4M1E。建筑工程施工过程中对于上述因素进行控制，能够确保建筑施工工程质量。所以工程项目的质量管理主要也是对这五个方面进行控制。

1. 人的因素

人工是指直接参与工程建设的决策者、组织者、指挥者和操作者。人的因素是影响工程质量的五大因素中的首要因素。在某种程度上，它决定了其他四个因素。很多质量管理过程中出现的问题归根结底都是人的问题。项目参与者的素质、技术水平、管理水平、操作水平都直接和间接地影响到工程项目的质量。

人既是建筑工程项目中质量控制的主体，又是质量控制的客体。在项目管理的过程中，人是质量管理的核心，要充分调动人的积极性，增强员工的责任感，树立质量第一的观念，尽可能减少由于决策失误、计划不周、指挥不当、控制协调不力、责任不清、行为失误等对工程项目造成的质量问题。

2. 材料的因素

材料是建设工程实体组成的基本单元，是工程施工的物质条件，工程项目所用材料的质量直接影响着工程项目的实体质量。特别是用于结构施工的材料质量，将会直接影响整个工程结构的安全，因此材料的质量保证是工程质量的前提条件。

在质量管理过程中一定要把握好材料、构配件关，打牢质量根基，尽可能减少由于材料供应不及时，供应品种价格不合理，材料使用不当，规格、数量、质量不合乎要求等材料问题引发的质量问题。

3. 机械因素

施工机械是工程建设不可或缺的设施，对施工项目的施工质量有着直接影响。施工机械选择合理则可有效降低劳动成本和提高工作效率，明显保证和提高施工质量，确保达到施工设计的技术要求和指标。例如大型混凝土的振捣、道路地基的碾压等，如果靠人工来完成这些工作，往往很难保证工程质量。但是施工机械体积庞大、结构复杂，往往需要有效的组合和配合才能起到事半功倍的效果。

因此，基于建筑工程施工过程中不同的技术要求以及工艺特征，对机械设备应该进行合理的选择，同时要对其进行正确的使用、保养、维护与管理，尽可能减少由于机械选用不当、供应不及时、机械故障、利用率低、效率发挥不好、更新不及时、收费不合理等因素导致的质量问题。

4. 方法因素

施工方法包含工程项目整个建设周期内所采取的技术方案、工艺流程、组织措施、检测手段、施工组织设计等，它们合理与否、科学与否，对工程项目的质量有着重要影响。对一个工程项目而言，施工方法和组织方案的选择正确与否直接影响整个项目的建设能否顺利进行，关系到工程项目的质量目标能否顺利实现，甚至关系到整个项目的成败。例如预应力混凝土的先拉法和后拉法，需要根据实际的施工情况和施工条件来确定。方法的选择对于预应力混凝土的质量也有一定影响。

但施工方法往往是项目管理者根据经验进行主观选择的，有些方法在实际操作中并不一定可行，造成由于施工方案设计不周、工艺方法选用不当等方法因素对工程质量的影响。因此，施工方法要基于工程的实际，对于施工的难点进行解决，采用经济合理、技术可行的措施，从而保障建筑工程的顺利实施，同时使得建筑工程的质量得到保证。

5. 环境因素

工程项目的建设过程中面临很多环境因素的影响，主要有社会环境、经济环境、劳动环境、自然环境等。通常对工程项目的质量产生较大影响的是自然环境，其中又有气候、地质、水文等细部的影响因素。例如冬季施工对混凝土质量的影响，风化地质或者地下溶洞对建筑基础的影响等。许多环境因素是不可预见和不可抗拒的，使得环境因素对建筑工程质量的影响具有复杂性、多变性的特点。因此，在质量管理过程中，应尽可能按照建筑工程实际的特征以及具体的施工条件，对于造成建筑工程质量的环境因素进行分析，从而通过有效措施对其进行预防，并且努力优化施工环境，对于不利因素严加管控，避免其对工程项目的质量产生影响。

四、传统质量管理存在的问题

管理技术方法是指通过运用科学的管理技术与方法达到控制工程施工质量的目的，如图表法、数理统计法、循环法等。数理统计方法主要包括分层法、帕累托图、核查表、鱼刺图、直方图、散点图、控制图等几种工具方法，其中，图表法是一种比较直观的数据统计分析方法，形象直观，通过将施工过程活动产生的数据及情况通过图表直观地反映出来，可解决许多管理问题。循环法由四个阶段构成，分别为计划、实施、检查、处理，这四个阶段统一构成完整的循环过程。这四个阶段并不是孤立的，而是像个车轮一样紧密相连不断转动的，每转动一次质量水平就提高一次，通过大小循环的不断推动，促进组织的发展。在工程中常用的质量管理方法就是循环法。

1. PDCA 循环简介

PDCA 循环即质量管理循环，是施工质量控制的基本原理，按此原理实现预期目标。PDCA 循环（图 4-1）即为提高系统质量和管理效率，在项目管理活动中不断进行计划、实施、检查和处理四个阶段的循环过程。

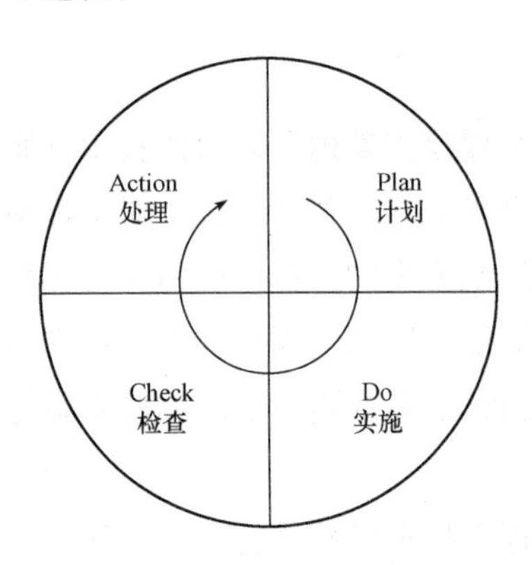

图 4-1　PDCA 循环示意图

PDCA 是 Plan（策划）、Do（实施）、Check（检查）和 Act（处置）的首字母的组合。

（1）P（Plan）——策划，指根据顾客的要求和组织的方针，为提供结果建立必要的目标和过程。

（2）D（Do）——实施，指策划的实施过程。

（3）C（Check）——检查，指根据方针、目标和产品要求，对过程和产品进行监视和测量，并报告结果。

（4）A（Act）——处置，指采取措施，以持续改进过程绩效。对于没有解决的问题，应提交给下一个 PDCA 循环解决。

以上四个过程不是运行一次就结束，而是周而复始地进行，一个循环完了，解决一些问题，未解决的问题进入下一个循环，这样阶梯式上升。

PDCA 循环是全面质量管理所应遵循的科学程序。全面质量管理活动的全部过程，就是质量计划的制订和组织实现的过程，这个过程就是按照 PDCA 循环，不停地周而复始地运转的。PDCA 循环不仅运用于质量管理体系中，也适用于一切循序渐进的管理工作。

PDCA 的循环过程主要分为八个步骤：

第一步，用数理统计、分析法等分析现状，找出存在的质量问题；

第二步，分析质量问题产生的原因及影响因素；

第三步，找出引起质量问题的主要原因和影响因素；

第四步，制定和改善技术组织措施和计划；

第五步，执行制定新的措施和计划；

第六步，检查实施效果并发现问题；

第七步，总结实施应用的经验、纳入标准；

第八步，提出本循环尚未解决的问题，并移至下一循环。

应用 PDCA 循环法对工程质量进行控制与管理，是由于 PDCA 是一个循环式上升的过程（图 4-2），每循环一圈，质量水平和管理水平就会提高一步。

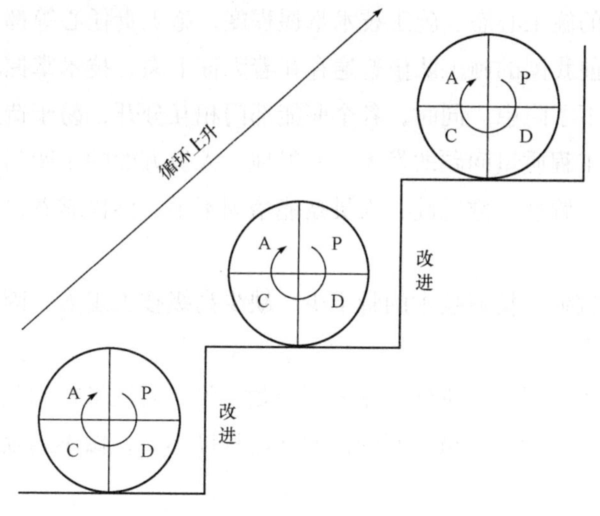

图 4-2　PDCA 循环上升

2. PDCA 循环的特点

PDCA 循环，可以使思想方法和工作步骤更加条理化、系统化、图像化和科学化。它具有如下特点：

（1）大环套小环、小环保大环、推动大循环。PDCA 循环作为质量管理的基本方法，不仅适用于整个工程项目，也适用于整个企业和企业内的科室、工段、班组以至个人。各级部门根据企业的方针目标，都有自己的 PDCA 循环，层层循环，大环套小环，小环里面又套更小的环。大环是小环的母体和依据，小环是大环的分解和保证。各级部门的小环都围绕着企业的总目标朝着同一方向转动。通过循环把企业上下或工程项目的各项工作有机地联系起来，彼此协同、互相促进。

（2）不断前进、不断提高。PDCA 循环就像爬楼梯一样，一个循环运转结束，生产的质量就会提高一步，然后再制定下一个循环，再运转、再提高，不断前进，不断提高。

（3）门路式上升。PDCA 循环不是在同一水平上循环，每循环一次，就解决一部分问题、取得一部分成果，工作就前进一步，水平就提高一步。每通过一次 PDCA 循环，都要进行总结，提出新目标，再进行第二次 PDCA 循环，PDCA 每循环一次，品质水平和治理水平均更进一步。

3. PDCA 循环的局限性

工程质量管理要求把质量问题消灭在它的形成过程中，把工程质量管理的重点，从事后检查把关为主变为预防、改正为主，组织施工要制定科学的施工组织设计，从管结果变为管因素。而 PDCA 则是依托检查结果进行改进，与工程质量管理的初衷相违背，在实际的项目中有一些局限。

同时，与其他的传统质量管理方法相比，PDCA 循环在质量的 4M1E 主要因素上存在相同的问题，主要表现在：

（1）人员专业技能不足，责任不清，沟通不畅。建筑工程的最终质量和施工人员有直接的关系，施工人员的施工心态、施工技术掌握程度、施工责任心等都会给最终的施工质量造成影响。但是，目前我国的施工队伍普遍存在着无证上岗、技术掌握不够等问题，这给将来的建筑施工质量埋下了隐患。同时，各个职能部门相互分开，易于造成相互之间的沟通不充分、不及时，导致工程质量问题的发生。一般地，人员方面的主要问题有以下几种：

①理论知识匮乏，管理松散混乱，人员技能培训不足，仅仅靠着以往项目的施工经历对工程进行控制；

②技术等级相对较低，精通技术的骨干少，缺少高级技工工人，因此很难进行高技术含量的工程；

③人员的职责分工不清晰，责任人划分不清楚，没有对质量控制起到作用；

④不同职能单位或者管理人员之间的沟通交流程度不高，做不到及时进行信息的共享和传递。

（2）材料选用不当，管理不严，使用不规范。材料是建筑物构件组成的基本，因此材料质量对工程质量是否有着最直接的影响。比如，关于建筑项目的建设中的材料的选择和使用，一方面要考虑国家规范的规定，另一方面也要考虑项目的实际造价，综合实际效果、安全、经济因素进行考虑。但是，在实际的项目建设中，一些单位为了追求利益，往往使用不规范的材料，在建设中偷工减料，最终影响了工程质量。在材料中出现的质量问题，一般分为以下几种：

①材料进场时没有人员对其进行质量检验或匆忙进行草率检验，从而使用不合格劣质施工材料进行现场施工；

②没有按照图纸设计要求、业主或监理的要求选购材料，从而不符合工程施工质量的要求；

③材料的使用方法不当，材料的实际用量任意发生变化，造成材料的配合比不正确，产生事故隐患；

④材料平时维护保管程度不高，致使材料发生非使用性损坏或变质，导致材料的各项使用性能不符合质量要求；

⑤材料在使用过程中错用、错拿，材料随意混合堆放在一起，导致工程设计所要求的实体强度发生变化，危及安全。

工程实践经验证明，有很多质量问题都是因材料引起的，并且引发的质量隐患较大，因此需要特别加强材料控制，确保工程质量。

（3）施工机械使用效率低，配备不合理，维护状态差。由于社会的发展，人们生活质量水准不断提升，对工程的质量要求也愈发的严格。伴随着技术难度高的工程的增多，施工机械设备引发的问题也频繁起来。在许多施工企业，施工机械的选用和组合往往有许多问题，对工程质量造成影响。主要表现为以下几个问题：

①机械施工中使用的效率不高，生存率水平很低。施工机械没有实际的工作平台来合理分配机械。有些施工机械因为布置的不合理处于停滞状态，造成不必要的浪费，不能产生最大化的效益。

②机群配备不合理。往往在施工中设备的性能、施工质量、资源消耗比、可靠性以及维修的难度系数是最主要考虑的因素，但这忽视了其实际配备数量的因素对施工质量的影响。比如，在大面积混凝土连续浇筑的时候，缺乏足够的搅拌机和运输水泥车；在一些大城市的市内施工中，往往有防止扰民、噪声污染的限制，但没有考虑配备静压力桩等。总之，在实际现场施工中，会由于考虑不周到，直接导致相关机械配置的缺乏和浪费，从而影响施工质量。

③机械选择的深入探索不充足，机械使用性能不优良。因为技术创新缺乏支持，新型施工机械的研发和应用的程度不高。有时为了节约开支，工程所需要的施工机械设备往往不进行修理与维护，没有良好的可使用的状态，更甚者，机械已经过了使用寿命仍然在继续服役，导致机械的施工效率不高，常常应付不了施工的使用，对工程质量产生影响。

（4）环境的突发性。由于一般施工项目从开工到竣工的时间都很长，恶劣天气也比较多，要合理布置施工场地周围条件，要考虑温度、湿度、供水、供电、大风等影响施工现场的因素。例如在混凝土浇筑过程中忽降大雨导致浇筑中断影响浇筑质量，任意在墙体截面开槽、打通、改变结构等。

（5）难以形成标准化、规范化的质量管理模式。为了保证工程建设项目的质量，国家制定了一系列有关工程项目各个专业的质量标准和规范；同时每个项目都有自己的设计资料，规定了项目在实施过程中应该遵守的规范。但在项目实施过程中，这些规范和标准经常被突破，一方面因为人们对设计和规范的理解存在差异，另一方面由于管理的漏洞，造成工程项目无法实现预定的质量目标。

（6）问题以 2D 形式描述，难以还原现象。监理人员在还原相关问题的时候，常见的资料就是照片，但是照片是二维的，难以表达施工过程中三维空间上的实时信息，难以还原施工现场的真实问题，特别是建筑项目中还有很多隐蔽的问题，这些问题是难以用照片进行还原的，因此，发送给整改人员的资料存在很大的失真性，不利于项目质量的计划与控制。

（7）可视化效率低，不能准确预知完工后的质量效果。实际工作中，施工单位会依据建筑设计单位的图纸进行作业，参考的也是设计单位所提供的效果图，但是实际完成之后，经常会出现不满意的地方。若只是艺术效果方面的不满意，可以通过后期的外观改善和室内效果进行相应的弥补；但是，若出现质量问题，则性质就不同了，比如设备的安装没有足够的维修空间，管线的布置杂乱无序，因未考虑到局部问题被迫牺牲外观效果等，这些问题都影响着项目完工后的质量效果。

（8）各专业配合不紧密，沟通不深入。工程项目的建设是一个系统、复杂的过程，需要不同专业、工种之间相互协调、相互配合才能很好地完成。但是在工程实际中，往往由于专业的不同或者所属单位的不同，各个工种之间很难在事前做好协调沟通。这就造成在实际施工中各专业工种配合不好，使得工程项目的进展不连续，或者需要经常返工；各个工种之间有时存在碰撞，甚至相互破坏、相互干扰，严重影响了工程项目的质量。例如水、电等其他专业队伍与主体施工队伍的工作顺序安排不合理，造成水电专业施工时在承重墙、板、柱、梁上随意凿沟开洞，破坏了主体结构，影响了结构安全。

（9）施工质量问题整改周期过长。在传统的施工作业中，一旦监理人员发现施工问题，需要制作相应的工作联系单和监理通知单，相关的工作人员需要对施工现场发现的问题进行整理，常见的整理方式是拍照记录，等到回到办公地点后，将整理后的资料以邮件的方式发送给相关的施工单位和设计单位，相关的单位接收到邮件后，经过讨论确认后对问题进行解决，之后再交给施工方进行整改。这个过程涉及人员太多，一旦某个环节出现问题，将大大拉长整改周期。

（10）施工问题被覆盖，难以进行整改。监理人员发现问题，进行整理，发送给整改人员，整改人员再将问题进行调整并发送给相关的施工人员，整个过程需要很长的时间，但是，施工进度是一直向前进行的，由于存在时间差，往往会出现之前发现的问题被后面的工序所覆盖的现象，整改困难。

（11）设计图纸不对应，各专业多碰撞。常见问题有：第一类是平、立、剖面图细节不对应，详图和平面图不对应，各个专业的图纸不对应，材料和图纸的统计数据不匹配等设计错误；第二类是设备、管道和结构的碰撞。这些问题大多会引起设计变更，影响工期。

第二节　BIM 工程质量管理的特点

伴随着建设工程项目规模逐渐加大、结构日益复杂、建设周期变长、项目目标越来越多样化，建筑市场的竞争已转化为产品质量的竞争。将传统的质量管理和质量控制技术应用于当前的建筑业中，在一定程度上提升了项目质量管理与控制的效率。但是，随着建筑业及信息化技术的发展，传统的质量管理与控制技术自身存在较大的局限性。例如，CAD 技术存在很多不足之处，施工阶段图纸工作量很大，施工各专业间易出现大量碰撞和错误，各参与者之间存在沟通障碍，容易出现理解错误等；传统的项目管理软件是二维的，难以表达施工过程中三维空间上的实时信息，不利于项目质量的计划与控制；传统的质量管理多依靠项目管理者的经验，难以形成标准化、规范化的质量管理模式；传统的管理模式所能提供的信息太少、可视化效率低，不利于人员、材料、机械等的管理与使用，不利于施工现场的控制；传统施工管理形成的质量控制与管理信息、材料以及经验等，不便于记录与传承等。

将 BIM 技术引入工程项目施工质量控制过程，对于施工管理人员来说是一种新的管理手段，由于 BIM 设计的图纸是数字化、信息化的，因此可以发挥其在检查、判别、数据整理等方面的优势。无论监理工程师还是项目施工管理人员，都不再需要拿着厚厚的图纸在施工现场进行反复核对，应用 BIM 的相关设备（如 APP 移动端）可以快速得到建筑构件的信息。利用 BIM 技术对施工项目进行虚拟建造，以达到先试后建、减少设计中的错误、分析不同施工方案的可行性及优越性、排除施工过程中的冲突及安全问题、确定实现虚拟环境下的施工工期等目的，通过应用 BIM 及其相关技术对施工现场进行指导、跟踪、可视化分析、协调各参与方等，来解决传统建筑施工管理存在的质量管理问题。BIM 技术的引入可以充分发挥这些技术的潜在能量，使其更充分、更有效地为工程项目质量管理工作服务。

针对施工过程质量管理的实质就是分析影响质量的风险因素，并对产生的影响因素进行控制。质量的影响因素主要是 4M1E，即人（Man）、机械（Machine）、材料（Material）、方法（Method）、环境（Environment），下面主要分析 BIM 给 4M1E 带来的变化。

一、在人员方面的优势

人的因素主要指人们的质量意识及质量活动能力对施工质量造成的影响。在施工质量管理中，人的因素起决定性的作用。要使 BIM 充分发挥作用，人们掌握 BIM 基本应用技术才是基本前提。不管是施工现场的管理人员还是施工人员，开展相应的 BIM 的应用操作技能培训是重中之重。BIM 可以完美地模拟施工过程，项目参与各方的所有人员必须拥有质量意识和责任意识，充分发挥全员在施工项目质量中的作用，发挥人的主导作用。

BIM 技术一方面可以提高管理者的工作效率及对施工质量的把握程度；另一方面可以使一线作业人员对自己工作内容及质量控制点更加清晰，避免主观失误。

（1）BIM 的一个显著特点是改变了管理者的工作方式。对于一线管理人员来讲，以往拿着多张 CAD 图去现场对照，对现场质量情况实测或拍照，回到办公室把质量信息整理成文档，把文档发送给需要上报的人员，这种方式比较烦琐而且反映质量信息不及时，现场一线人员要在现场与办公室之间往返。应用 BIM 技术不需拿着多张 CAD 图，只需下载相关客户端，手持移动设备，现场的质量信息马上就能关联到 BIM 模型，方便及时。对于上层管理者而言，传统方式就是等待收发邮件或到现场考察了解质量信息；基于 BIM 的管理方式是，只要有网络和计算机，坐在办公室里就能直接查看现场的质量情况，实现了远程控制。

（2）对于一线作业人员，通过 BIM 在施工阶段的施工模拟、技术交底、复杂节点可视化、质量控制关键点的可视化及施工模拟、漫游可视化等应用，对施工现场的环境、工作内容和工作注意事项充分了解和把握，避免了主观失误。施工现场的视频监测技术等督促一线工人提高作业水平，避免偷工减料和质量隐患。

BIM 让管理者的工作效率得到提高并可以更好地把握施工质量，同时 BIM 技术也让一线施工人员对自己的工作内容认识更加深入，避免不必要的失误。参与建设的各个部门可以完全独立，不受别的部门组织领导指令的混淆，BIM 模型是工作的唯一参照点；并且，对 BIM 数据进行权限划分，把项目控制系统也添加进来作为一个辅助项，参与项目的各个部门都能取得在自己权限范围内所需要的信息，促成一个对整体项目利益都有利的模式，保护了各方隐私，同时增加了交流沟通。

二、在施工材料方面的优势

工程项目所使用的材料是工程产品的直接原料，所以工程材料的质量对工程项目的最终质量有着直接的影响。材料管理也对工程项目的质量管理有着直接的影响。BIM 技术一方面可以提供材料供应计划，评定供应商等级；另一方面可以检查进场材料，查验材料的正确使用。

（1）BIM 技术的 5D 应用可以根据工程项目的进度计划，并结合项目的实体模型生成一个实时的材料供应计划，确定某一时间段所需要的材料类型和材料量，使工程项目的材料供应合理、有效、可行。通过 BIM 技术形成的材料供应计划，施工管理人员可以有计划地安排材料库存，方便地查看每个阶段对应的准确材料消耗量，并且通过材料数据库的建立，让施工人员限额领料、控制材料，避免浪费和变质的发生。

（2）历史项目的材料使用情况对当前项目使用材料的选择有着重要的借鉴作用。整理收集历史项目的材料使用资料，评价各家供应商产品的优劣，可以为当前项目的材料使用提供指导。BIM 技术的引入使人们可以对每一项工程使用过的材料添加上供应商的信息，并且对该材料进行评级，最后在材料列表中归类整理。人们可以根据以往材料供应商的质量评定等级，在选择材料源头供应商方面做好工作。

（3）材料进场检查，BIM 会提供工程的材料明细表，在项目浏览器窗口查看材料明细表及材料特性，方便审核人员审核建筑主材的规格、厂家、颜色、材质等是否符合要求。例如对于门的检查，BIM 模型会显示门的规格（宽度和高度）、门的材料及耐火性等特性，方便进厂检验，确保材料的质量。

（4）在施工现场，由于施工涉及的材料品种繁多，施工工人常用错规格，现场管理人员只要利用移动设备如手机及 iPAD 上安装的相应软件，就能迅速调出施工部位的图纸，清晰地查看所用材料的规格是否符合设计要求，防患于未然。

三、在设备方面的优势

施工机械设备是施工过程使用的各类机具设备，是施工方案和工序实施的重要物质基础。BIM 技术一方面可以记录现场施工机械的各种检查信息，及时提示操作工具的检查；另一方面可以通过三维场地布置，结合周围环境来安排大型设备如起重机、施工电梯等的安装位置，确保施工现场布置合理。

引入 BIM 技术，我们可以模拟施工机械的现场布置，对不同的施工机械组合方案进行调试，如起重机的个数和位置，现场混凝土搅拌装置的位置、规格，施工车辆的运行路线等。用节约、高效的原则对施工机械的布置方案进行调整，寻找适合项目特征、工艺设计以及现场环境的施工机械布置方案。

四、在施工方法方面的优势

施工方法由施工技术方案、施工工艺、工法和施工技术措施等组成，BIM 技术相对于传统控制方法具有可视化、模拟性等优点，在施工方法上有着很大的优势。

（1）BIM 技术实现了对施工技术方案、施工工艺、工法和施工技术措施等的仿真模拟演示，使结合项目特点采用先进合理的工艺、技术等成为可能，为提高质量控制水平起到良性的推进作用。

（2）引入 BIM 技术，人们可以在模拟的环境下对不同的施工方法进行预演示，结合各种方法的优缺点以及本项目的施工条件，选择符合本项目施工特点的工艺方法。也可以对已选择的施工方法进行模拟项目环境下的验证，使各个工作的施工方法与项目的实际情况相匹配，从而保证工程质量。

五、在施工环境方面的优势

环境的因素主要包括施工现场自然环境因素、施工作业环境因素和施工质量管理环境因素。

（1）BIM 模型能够立体直观地反映施工现场自然环境和作业环境，模拟现实，可以提前预估自然环境和作业环境对质量控制的影响，提前预防和解决问题。BIM 技术可以对施工现场进行三维模拟，人们可以更加直观地了解项目部、生活区、起重机、仓库、材料加工区等的布置图，从而提前熟悉现场、进行布置方案的优化。

（2）BIM 模型具有三维动态漫游功能，在众多平、立、剖面图中可以录入建筑构件的每个细节，使建设相关人员身临其境，感受现场布置及建设要求。操作工人更加清晰施工现场的环境，提前做好质量预防措施，为施工质量的提高提供保障。

（3）施工质量管理环境因素主要指施工单位质量管理体系、质量管理制度和各参建施工单位之间的协调等因素。BIM 处于初级应用阶段，基于 BIM 的质量管理体系和质量管理制度还处于积极探索中，但是 BIM 方便了项目各参建施工单位之间的协调及沟通是有目共睹的。要积极探索基于 BIM 的质量管理体系，创造良好的质量管理环境和氛围。

（4）引入 BIM 技术可以将工程项目的模型放入模拟现实的环境，应用一定的地理、气象知识分析当前环境可能对工程项目产生的影响，提前进行预防、排除和解决问题。在丰富的三维模型中，这些影响因素能够立体直观地体现出来，有利于项目管理者发现问题并解决问题。

第三节　BIM 技术在质量管理中的应用

传统工程质量管理方法存在着许多缺陷，或多或少地导致质量管理出现了许多问题，限制了工程施工质量效率的优化。传统工程质量管理方法已满足不了当前工程施工质量管理的要求。将 BIM 技术引入工程项目质量管理，达到了拓宽质量管理新方法，帮助解决现阶段存在的问题的目的。BIM 技术在质量管理中的应用具体有以下几方面。

一、图纸会审

图纸会审是指施工单位接收到设计单位给的施工图之后，进行设计交底，对图纸文件进行全面的审核工作。图纸会审作为施工质量预控的有效手段，是进行施工质量管理时必需的内容，其目的是让施工单位在施工前了解图纸的设计特点、看懂图纸、了解施工的特点和复杂度，并且在施工之前发现图纸中的设计错误和问题，通过各方商洽，及时进行修改和优化，在施工前期进行一定程度的质量控制。

1. 传统的图纸会审

传统的图纸会审是基于 2D 进行的，随着我国社会的发展，建筑项目的需求扩大，大型超市、超高层楼房等项目越来越多，工程项目的设计图纸数量也随之增多，图纸的版面随之增大，有些复杂的项目甚至需要十余幅图纸。如果一直使用传统纸质的方式，一方面提高了会审工作的难度，由于不同人对图纸的理解程度不同，也不利于各参与方之间的沟通，费时费力；另一方面，各个图纸之间缺乏信息的关联性，从施工的角度来看，这会带来一定程度的技术风险和成本风险；同时，对图纸审查出的设计问题需要提交设计院等待处理，时间漫长且程序烦琐，而且以人工查找图纸中存在的人为失误和寻找各专业图纸之间的错误不仅效率低，还存在信息交流不及时等问题。

2. 基于 BIM 技术的图纸会审

与传统图纸相比，在图纸会审阶段利用 BIM 技术，可以将设计方案中的平、立、剖面图以及文字表述等 2D 图形形象直观地转化为 3D 模型，利用 BIM 模型可视化、虚拟施工过程及动画漫游进行图纸会审工作，可美观而方便地展示建成后的效果。

利用 BIM 技术，在图纸会审阶段：

（1）可以在三维模型中查看建筑内部情况，发现如净空设置、设备安装、维修预留空间等一些细节问题；

（2）可以使一线施工人员更直观地了解复杂节点，有效提升质量相关人员的协调沟通效率，将隐患扼杀在摇篮里；

（3）可以使用 BIM 相关软件进行碰撞试验，对项目的建筑构件进行检查，能够更加快速和直观地检查出一些设计时不合理的地方。

基于 BIM 的图纸会审思路如图 4-3 所示。

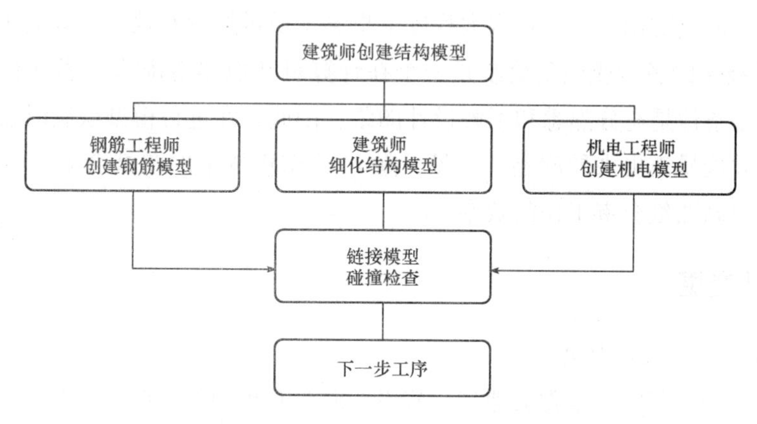

图 4-3　基于 BIM 的图纸会审思路

例如，利用 Luban BIM 系列软件在多专业协同设计中的碰撞检查，是将钢筋、结构和机电三种不同专业的 BIM 模型关联到一个模型下，通过软件中的碰撞检查选项进行操作，选择要进行碰撞检查的图元类型，软件会自动在三维空间下进行模拟检查，从而可以发现在传统 CAD 下不容易找到的失误或错误。同时，BIM 技术能做到在动工前发现各种图纸错误如楼层净高、结构构件尺寸漏标或不符合规范要求、砼构件中的配筋缺失、预留洞口漏标等图纸尺寸标准等设计问题。在 BIM 自动查找到图纸问题后，管理人员可以通过 BIM 工作平台，使各专业的问题分配到各专业的人员，使各专业的人员可以知道自己的工作内容，直接在 BIM 模型中的各自领域对其修改，同时 BIM 平台也进行协同配合，可以有效地避免图纸会审中考虑不周全的问题，保证图纸会审高质量完成。碰撞检查如图 4-4 所示。

图 4-4　碰撞检查示意图

通过 BIM 技术的碰撞检查，在施工前从根本上预防了图纸错误，大大提高了图纸质量和效率，大大减少了因碰撞所带来的重新返工造成的质量隐患；同时，设计方、业主、施工方等项目参与方在施工准备阶段就能参与到项目中，模型的可视化使每个人都能看懂，加强了各个参与方的前期协调沟通，在很大程度上提高了质量控制有效性，提高了工程质量。

基于 BIM 技术的各专业模型绘制是一个在计算机环境建造虚拟工程项目的过程。构造 BIM 模型的前提条件是充分熟悉和了解设计图纸，因此，在进行模型绘制时会发现一些可能在施工过程中才能暴露出来的问题。可见，融入了 BIM 技术的图纸会审工作更容易发现图纸问题，显著提高图纸会审工作的效率。

二、设计变更

1. 传统方式下的设计变更

在项目施工的过程中，常常会遇到一些设计时没有想到的问题，需要对设计进行变更处理。比如发现某项设计的错误，业主需要临时增加或减少工程内容，建筑的功能需要修改或者一些现场问题导致的原材料的改变等，都需要进行设计变更。设计变更可以由工程项目的某一个参与方或者多个参与方共同提出，比如，项目实施过程中发现原始的设计中有没被考虑到的管道和设备，在原设计标高处没有预留设计位等问题，需要临时改变一些现有管道的布置或者标高。这种设计上的变更需要经过设计单位和施工单位一致同意，并提交一些设计变更的材料。变更材料中需要明确指出工程项目变更的原因、位置、变更方法、变更数量，以及设计变更之后重新绘制的施工图纸。各方对变更项一致同意并签署确认同意协议后，施工单位才能实施变更中具体的操作。

传统方式下的工程项目，一旦进行设计上的变更会造成非常复杂的后果，并且处理时间较长。即使只有一点点的变动，也会带来各种问题，并需要对图纸进行不同形式的修改，不仅困难而且容易出错。工程项目实施过程中，设计变更时常会发生，但实施过程动态化且数据获取困难，一旦变更，从设计到施工都需要进行变更，会增加工作量、拖慢项目进度、提高成本，还会带来质量隐患。

2. 基于 BIM 技术的设计变更

基于 BIM 技术的工程项目，在项目需要变更时只需要对其模型的参数进行修改，通过三维模型可以直观地对工程变更前后的情况进行对比，有较强的可追溯性和准确性。由于整个项目模型信息相关联，因此不会存在漏改等人为因素导致的问题，使得项目变更更加安全可控。

基于 BIM 技术的设计变更与传统模式下工程项目的设计变更比较，需注意以下几点：

（1）基于 BIM 技术的项目进行设计变更时，根据需要变更的内容，在原有模型的基础上修改变更参数，生成相应变更后的模型。业主和监理对变更项进行审核时可以很直观地看到变更前和变更后模型的对比。

（2）基于 BIM 技术的项目进行设计变更后，可以利用软件自动生成变更后的图纸并导出，及时将图纸用于指导施工现场。

（3）基于 BIM 技术的项目进行变更时，软件会根据变更的参数，自动找出与之相关联的工程量的变化，给设计变更的审核过程提供全面的参考数据。

（4）设计变更会在一定程度上给施工深化设计模型带来影响，也会对施工过程模型产生影响。由于目前我国政策不明确，BIM 技术的应用还不够成熟，因此 BIM 模型还没有在工程项目中作为正式的参考文件对施工质量进行管理。但是，在实际工程项目中，由于 BIM 技术使用方便及具有良好的可视性等特点，在变更报告中也会附上 BIM 模型的截图，便于各参与方直观地对变更项进行审查，也提高了参与方之间的沟通效率。

三、深化设计

1. 传统深化设计

深化设计是指结合施工现场情况，对设计人员的初步设计图纸进行修改，在满足工程项目的技术需求、符合施工规范的基础上进行补充和完善，进而得到具有实际可操作性的施工图纸。深化设计后通过审查的图纸能够直接运用到施工现场进行指导工作。深化设计主要包括各专业本身的深化设计和专业与专业之间的深化设计。

由于传统的深化设计最后形成的结果仍然是二维图纸，随着建筑工程项目日益复杂化、大型化，传统深化设计过程中存在的缺陷和不足也就越来越明显，尤其是在传统的二维管线综合性深化设计中，深化设计后的图纸很多时候仍然无法指导施工，例如管线交叉的地方，深化后的图纸也很难对其进行形象描述。

2. 基于 BIM 技术施工图纸深化设计

基于 BIM 技术的施工图深化设计最后的成果可以是三维建筑信息模型，也可以是二维图纸，或者是三维建筑信息模型与二维图纸的结合。相比于传统的深化设计，基于 BIM 的施工图深化设计将二维的施工图纸深化成三维模型，并对各专业 BIM 模型进行优化、校核、集成等，最终在此 BIM 模型中得到各专业详细的施工图纸以满足施工管理的各项需要。项目的不同参与方可以对 BIM 模型进行各种信息的插入、提取、更新和修改，以达到各参与方、各专业间协同工作的目的。

基于 BIM 技术的施工图深化设计在施工过程质量控制中的应用取决于 BIM 模型的质量和 BIM 成果交付，模型的质量直接关系到施工过程质量控制的好坏。深化设计过程中 BIM 模型和深化图纸的质量对项目实施开展具有极大的影响，BIM 模型和深化图纸的质量直接影响着项目实施过程中的质量控制和质量保证，BIM 模型的准确性和高度协调是各施工企业在施工过程中应用 BIM 技术的关键。基于 BIM 模型的正确性和全面性，各施工企业可以制订本企业的质量实施和保证计划。

与传统深化设计相比，基于 BIM 技术的施工图纸深化设计具有三维可视化、精确定位、合理布局、设备参数设计等特点（图 4-5）。

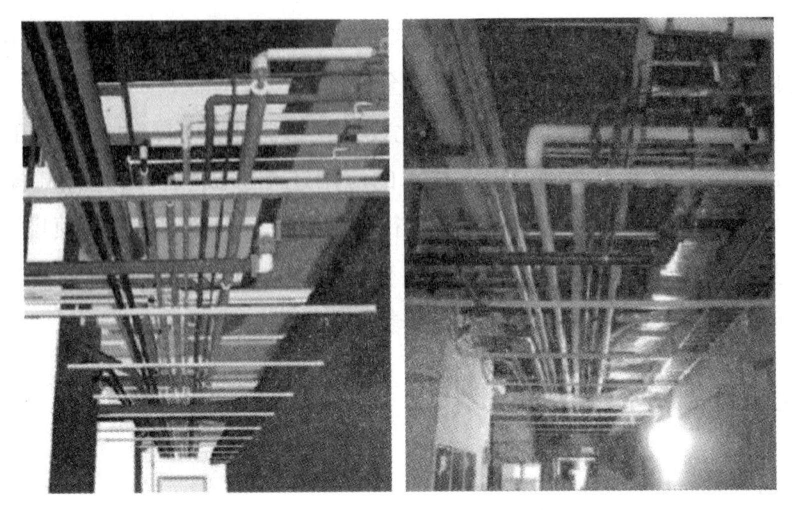

图 4-5　三维深化模型与实物对照

四、可视化技术交底

目前施工单位的技术交底文件是以二维的施工蓝图为基础，用文字描述的方式表达工程特点、技术要求、操作方法、质量指标、施工措施等工程信息。在施工过程中，多数情况是需要靠施工人员的想象力和检验来判断设计意图，效率低、浪费严重。在传统的技术交底文件中，增加 BIM 的可视化、虚拟施工及动画漫游等技术形成的文件或者视频，这样的技术交底非常直观。在具体实施过程中，起到样板的作用，可以大大加快施工进度，提高施工质量。如图 4-6 所示为一个吧台三维技术交底分析图。

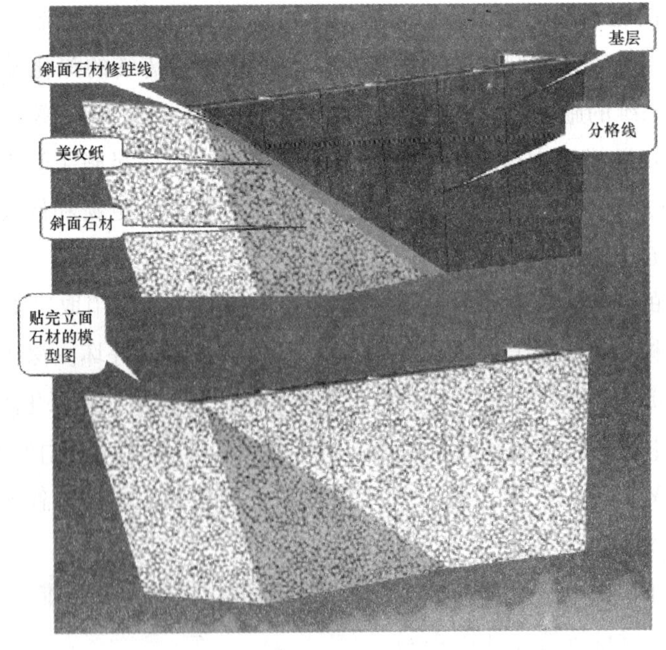

图 4-6　某吧台三维技术交底分析图

1. 可视化技术简介

可视化技术，也称三维信息表现技术，是应用计算机技术将真实的物体用虚拟的三维形体进行表达。随着计算机技术及 BIM 技术的发展，将可视化技术应用于工程建设领域，来改善项目各参与方对施工过程的理解、对话、探索和交流，提高了用户的工作效率和改善了生产作业方式。基于 BIM 技术的可视化应用于施工过程中的各个环节，为建筑信息的集成与共享提供了平台，通过这个平台实现了对建筑施工过程的信息进行集成化管理，包括信息的提取、插入、更新和修改，改变了传统建筑业的管理方式。基于 BIM 技术的可视化施工能够解决传统施工过程中各阶段、各专业间信息不通畅、沟通不到位等问题，确保工程施工项目的工期、质量、成本得到保证，确保沟通协调有序进行。BIM 技术具有可视化的特点，是 BIM 技术及其各种方法应用于建筑行业的基础，没有可视化的特性，BIM 技术就变得没有价值。

BIM 的可视化技术能够使项目的管理者对项目施工过程进行全局的管理和控制，掌控好施工过程中各专业、各工种间的相互作用和影响，实现建筑信息的集成化管理，确保了工程施工的工期、质量、成本等得到有序的控制和协调。基于 BIM 技术的施工可视化，相比于传统质量管理，提高了施工图纸的质量、清晰地表达了建筑设计图纸意图、提高了施工单位的施工技术、加强了对物料和机械的质量管理、提高了预制安装构件的质量等。

2. BIM 的可视化技术在施工管理过程质量控制中的应用

（1）BIM 浏览器的应用。BIM 浏览器（BIM Explorer，BE）是基于 BIM 可视化技术为基础的一款多维建筑信息模型浏览器，通过 BE，施工管理人员可以随时随地快速查询数据信息，操作也简单方便，可以实现按时间、区域多维度检索与统计数据。BIM 浏览器是一款集成多专业模型的查看管理软件，通过对多专业复杂模型的集成展现，让使用者仅通过浏览器便可以对 BIM 模型、工程图纸、工程数据、工程文件进行查看浏览，满足业主、施工方、设计方、政府相关部门、制造商关于模型信息的浏览、沟通、共享的需求。某项目在广联达 BIM 浏览器中的展示如图 4-7 所示。

图 4-7　广联达 BIM 模型的展示

基于移动端的 BIM 浏览器，是支持移动端查看 BIM 模型及相关信息的 APP 产品。BIM 移动端与互联网相结合的应用可成为施工现场施工质量管理与控制的一个重要手段(图 4-8)。通过移动端的应用与施工现场进行对比，用手机或者 iPad 拍摄施工质量控制点的施工过程，采集现场质量数据，对有质量问题的地方进行记录、标注，然后关联到 BIM 模型中，建立施工质量问题资料，这样将确保施工质量信息的准确性。

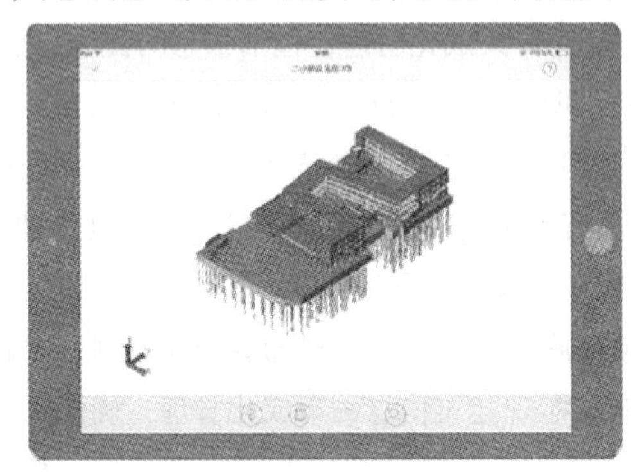
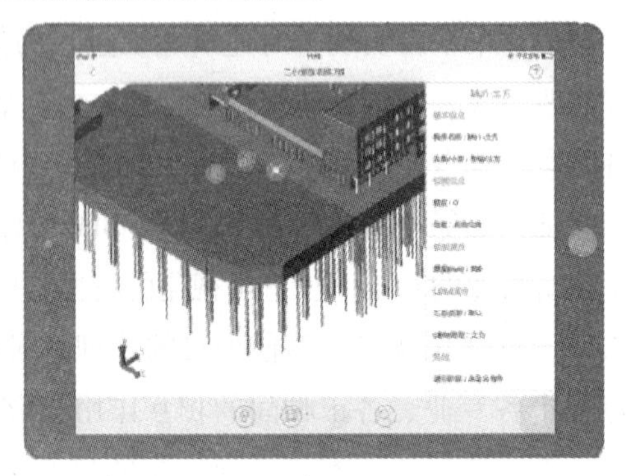

图 4-8　基于移动端 BIM 浏览器的应用

(2) 基于 BIM 技术的可视化现场管控。可视化现场管控，指在施工现场安装摄像头进行视频采集（图 4-9)，并传送到项目管理中心进行处理，再通过网络传送到监管中心，并由管理系统集中管理。在处理和管理的过程中，将现场施工动态与虚拟施工过程及 BIM 信息模型进行对比分析，实现对施工过程的可视化动态管理。

图 4-9　施工现场及过程的视频采集

(3) 施工现场可视化布置。应用 BIM 的可视化技术结合施工现场调查、采集得来的资料，对工程项目进行三维立体施工规划，并保存施工现场所有信息。通过 BIM 的可视化技术及虚拟技术对施工现场的各种信息进行模拟，可以更轻松、准确地进行施工布置，发现并解决传统场地布置中难以发现的问题。

五、碰撞检查

碰撞检查是指在施工前对图纸的检查，可以对工程项目的专业内、专业之间发生的冲突进行检查、审核与调整，最后得到优化模型。在建设工程项目中，碰撞的类型主要分为硬碰撞和软碰撞，其具体分类如图 4-10 所示。其中硬碰撞是指实体与实体之间关于空间位置的交叉与碰撞，在工程项目中经常出现，尤其是专业与专业之间的碰撞，主要是由于专业与专业之间的不熟悉和缺乏沟通造成的；软碰撞与硬碰撞不同，它是指实体与实体之间的距离不小于某一规定的值或范围，这是出于安全的考虑，对一些实体之间的距离规定一个下限，如在管道安装时，需要管道与管道之间有一定的间隙，便于管道的安装和维修。

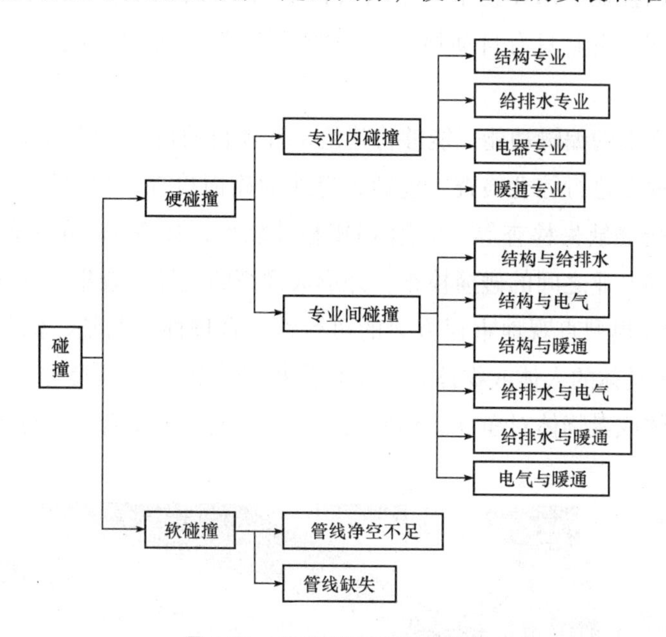

图 4-10　建设项目碰撞点分类

1. 传统的碰撞检查

传统的碰撞检查主要在施工之前，在传统的二维图纸上进行检查，这个过程需要阅读大量的图纸，并且需要依靠个人的空间想象力和工作经验，同时需要各个专业的相关工程师在一起共同讨论碰撞问题。这种传统的碰撞检查有很多弊端：检查速度慢、耗费时间长、易出现漏洞、空间比较抽象、检查记录结果不完整、图纸叠加过于凌乱等。在传统碰撞检查分析图纸的过程中，由于设计过程各专业使用不同的工具设计不同图纸，在各专业的图纸汇总时会存在很多碰撞问题。在施工过程中，如果不能提前很好地处理这些碰撞问题，会造成工程的返工，还会影响工程的进程与质量。

传统方式下的工程项目在进行碰撞检查时，只能使用二维图纸进行。图纸之间没有信息的关联性，使得碰撞检查非常困难。对于工程中管线交汇的地方，很难将碰撞情况分析全面，对碰撞点进行调整时一般只是进行局部调整，无法从整体上考虑管线的连贯性。传统的方式在碰撞检查时还会存在顾此失彼的情况，也就是解决了当前的碰撞点，但同时也引发了新的碰撞点。由于建筑项目的空间结构非常复杂，传统模式不能实现针对现场情况及时对管线排布调整。

2. 应用 BIM 技术的碰撞检查

项目的实施过程是一个复杂的动态过程，很多时候存在立体交叉作业。常常由于设计得不合理、现场施工时间安排不对以及空间布局的冲突等而引起施工过程中构件、设备、机械等的碰撞。但随着 BIM 技术的不断发展，使用 BIM 技术在施工前进行碰撞检查，这样就可以在施工过程中减少因设计失误造成的返工、变更等问题，减少人力、物力以及时间的浪费，提高施工质量的控制。BIM 技术应用到项目中的碰撞检查时，能够实现“一处改，处处改”的联动性效果，并且具有自动检查等功能，耗时短、错误率小，极大地提高了质量管理水平。

BIM 软件具有强大的编辑功能，能够将建筑工程项目的建筑、结构和机电等模型进行整合集成，并对集合模型进行综合检查，包括各专业的碰撞检查、预留洞口检查、净高检查、尺寸检查以及构件配筋缺失检查等。应用 BIM 相关软件，如 Navisworks 软件，进行碰撞检查，包括专业内的和专业之间的碰撞检查，并形成详细的碰撞检查报告和预留洞口报告。而相关责任人根据 BIM 模型直观地审视方案的可行性、合理性，调整、优化方案。也可以应用 Fuzor 等软件，将具体的人体或物体在三维信息模型中进行虚拟漫游（图 4-11），在漫游时，根据虚拟的人体或者物体对净高、构件尺寸等标注漏标或不合理性进行改正，并同步到 BIM 模型中。

图 4-11 建筑信息模型的虚拟漫游

同时，土建 BIM 模型与机电 BIM 模型，在相关软件中进行整合，即可进行碰撞检查。在集成模型中可以快速有效地查找碰撞点，得出详细的碰撞检查报告和预留洞口报告。例如，在大红门 16 号院项目中，共发现了 952 个碰撞点，其中严重碰撞 13 个，需要建筑、结构、机电三个专业调整设计；青岛华润万象城项目的大型商业综合体，BIM 小组将标准尺寸的施工电梯和塔吊的族，放入整体结构模型，导入塔吊和施工电梯二维布置定位图，完成结构绘制，然后导入 Navisworks 软件，相关责任人根据 BIM 模型直观地审视方案布置的可行性、合理性，规避时间、空间不足，实现方案优化。利用 BIM 技术可以在施工前尽可能多地发现问题，如净高、构件尺寸标注漏标或不合理，构件配筋缺失，预留洞口漏标等图纸问题。在施工之前提前发现碰撞问题，可以有效地减少返工，避免质量风险。

目前，使用 BIM 技术在施工阶段进行碰撞检查的一般流程为：首先，应用 Revit 等相关软件进行各专业的建模，并对各相关专业 BIM 模型进行优化设计。然后，将各专业 BIM 模型进行集成与整合，先用集成软件（如 Revit 软件）自身功能对集成模型进行初步检查；再利用如 Navisworks、Fuzor 等专业管理软件进行深化的碰撞检查，生成碰撞检测报告（图 4-12）。最后，根据检查报告，将改进后的施工方案返回模型中，对模型进行修改并重复上述工作，最后形成最优模型。碰撞检查的一般流程如图 4-12 所示。

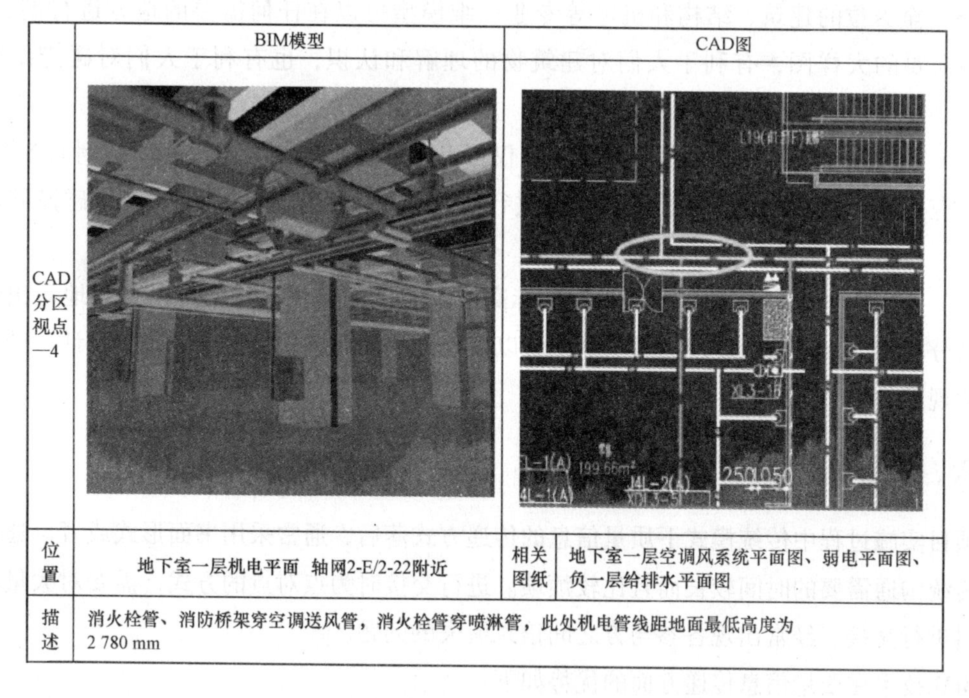

	BIM模型		CAD图
CAD分区视点—4			
位置	地下室一层机电平面 轴网2-E/2-22附近	相关图纸	地下室一层空调风系统平面图、弱电平面图、负一层给排水平面图
描述	消火栓管、消防桥架穿空调送风管，消火栓管穿喷淋管，此处机电管线距地面最低高度为 2 780 mm		

图 4-12 某工程地下一层碰撞检查结果分析

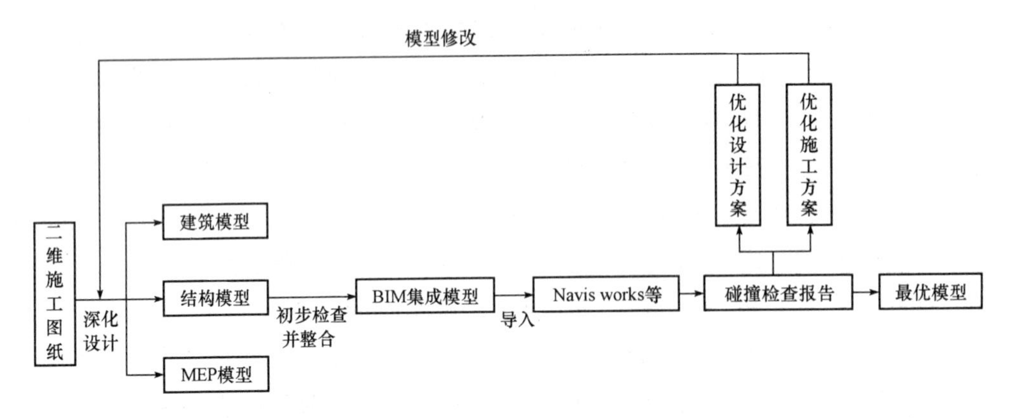

图 4-13　碰撞检查的一般流程

与传统的碰撞检查相比，基于 BIM 技术的碰撞检查的优势体现在如下几方面：

(1) BIM 技术可以将各专业 BIM 模型进行集成，有利于各专业自身以及各专业之间进行全面而彻底的碰撞检查。

(2) 应用相关 BIM 软件进行相关专业的建模，并可以对各专业内所有的冲突进行检查，及时反馈给设计人员进行调整与修改，再重复上述的检查和反馈工作，重复几次，基本可以消除所有的碰撞问题，比传统方式节约了很多时间，快且准。

(3) 全方位的建筑、结构和机电等专业三维模型可以在任何需要的地方进行剖、切，形成所需要的大样图，有利于人们对建筑物的理解和认识，也有利于人们对碰撞结果的认识。

(4) BIM 三维模型是建筑信息模型，不仅可以生成传统的二维图纸和局部剖面等图形，还可以应用浏览、漫游等多种手段对模型进行可视化观察和管理，减少一些软碰撞问题的发生。

(5) 在 BIM 模型中可以对管线的定位标高给予明确的标注，并且可以直观地看出楼层的层高分布情况，轻松地发现二维图纸中难以发现的空间问题，间接地优化了设计，减少了碰撞的现象。

六、质量信息传递

项目实施过程中传统模式下质量信息的传递方式落后，通常采用书面形式或者口述的形式，传统沟通需要的时间较长而且比较烦琐。进行交接时为点对点的方式，需要对大量的纸质资料进行交接，经常出现各参与方之间信息流失的问题。

BIM 技术在质量信息传递方面的优势如下：

(1) 最大优点是建立了施工单位内部人员间的高效的沟通机制，实时对质量信息进行管理，大大改善了施工单位与其他参与方的沟通方式。例如，应用 BIM 工作集合和链接功能，建立项目中心文件或者 BIM 信息平台，利用该平台进行信息的上传、修改、发送及交流等。施工过程中，利用网络能随时随地地查看项目的质量信息，利用移动端可以整改并上传质量信息。

（2）使用 BIM 技术的项目，改变了传统纸质媒介的交流方式，极大程度上降低了工程项目中各参与方协同工作的难度。各方通过 BIM 模型进行信息传递与沟通，以多对点的方式进行资源的共享，具有安全、快速等优点。从信息交流和传递方面来说最大限度地提高了工作效率和信息的准确性。

（3）应用 BIM 技术的工程项目，全员参与到质量管理和质量信息传递的过程中，从一线工人到技术管理人员都有很强的质量意识，所有人通过 BIM 模型进行质量信息的传递，快速、便捷。

七、质量管理资料存储

传统项目质量管理的信息存储一般以纸质文件为主，整个项目包括设计图纸、质量管理信息等资料，数量庞大。传统项目质量管理管信息存储方式不仅使用二维存储这种落后的管理方式，还存在资料分散和本地化管理等问题，不利于之后的分类、保存与查询，管理人员对项目管理和资料查询极其困难。

基于 BIM 技术的工程项目与传统模式下的工程项目不同，基于 BIM 技术的项目的工程管理比较看重信息的实时性，也就是说在工程进行过程中，项目各方参与者把施工情况实时记录到 BIM 模型中，并且每条信息的录入人员需对录入的信息负责。项目施工过程中，涉及每个过程的资料，比如设计变更文件、工程协商材料、质量验收相关材料，都应该以数据的形式存储到相应位置并与 BIM 模型相关联。在工程竣工进行验收时，信息提供方需提供所有有效的文件。

1. BIM 模型与工程资料的关联

通过对工程项目施工过程中各种工程文件的分析，将 BIM 模型与实际情况结合，根据资料与模型的关系，项目的工程资料可以被分为三种：

（1）一份资料对应模型的多个部位；

（2）多份资料对应模型的一个部位；

（3）工程综合资料，不关联模型部位。

2. 运用 BIM 技术的优势

在整个工程项目中，施工质量管理是项目最重要的工作之一。运用 BIM 技术的工程项目较传统模式下的项目而言有以下优势：

（1）BIM 技术具有能够模拟实际施工现场的功能，并且能存储和管理项目施工时所涉及的海量材料。

（2）进行现场质量审核时，BIM 技术可以作为校核依据。

（3）BIM 技术可以将三维激光扫描等硬件设备与相应的软件工具相结合，很好地监控现场质量情况，一旦发现问题及时进行解决。

3. BIM技术在质量管理资料存储方面的应用

（1）BIM技术在施工质量资料管理中的应用。在具有相关施工资料数据库的基础上，建立数据库与BIM模型的连接关系，可以在BIM环境下连接到数据库进行资料管理。

（2）BIM技术在施工质量校核中的应用。随着云技术的推广和应用，工程项目也可将BIM技术与云技术结合起来使用，扩大其应用范围，依赖云技术可以大大减少硬件设备的消耗。

（3）BIM技术在施工质量监控中的应用。将三维扫描技术在施工现场的应用与BIM技术相结合，实时追踪设备状态，进行施工质量监控，也就是一种“实测实量”的新型质量管理模式。

应用BIM技术的工程项目，可以实现模型与资料的联动，当工程变更、模型更改时，相应的资料也跟着变化，便于管理员查询；在进行质量校核时，使用BIM技术存储的施工信息可以非常方便地被用于施工现场，作为校核依据。

八、质量检查对比

应用BIM技术于施工质量控制中，通过现场拍照片、目测或者实际测量获得质量信息，并将这些信息上传、关联到BIM模型进行对比检查；也可通过BIM技术对施工过程钢筋下料进行复核等，不需要携带厚厚的图纸，就可掌控施工现场的实际施工质量，如图4-14所示；也可以通过移动端的应用在现场直接进行对比、复核下料等，并收集信息，如图4-15所示。应用BIM技术进行质量对比时，根据质量问题的严重性，落实到责任人进行整改，并进行记录存档及跟踪管理等工作。

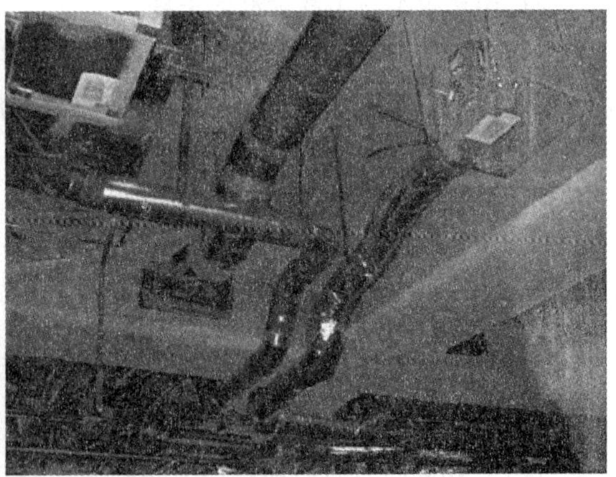

图4-14　深化设计图与现场施工的对比

图 4-15　BIM 移动端的现场应用对比

九、现场质量控制

建筑信息模型承载了项目的各种相关信息，一切用数据说话，数据是质量管理活动的基础。在施工质量控制的过程中，及时收集质量数据，并对其进行归类、整理、加工，获得建设质量信息，发现质量问题及原因，及时对施工工序改进。数据收集完成之后，要及时地统计、使用，以免数据丢失。

建立 BIM 模型，构建施工质量信息化系统框架，最重要的也是比较困难的就是将 BIM 模型与施工现场的质量数据与整改状况实时对接，做到项目完工时的质量信息与模型一致。BIM 技术的应用为质量信息的收集、整理和存储提供了技术保障。

现场施工阶段的质量控制是整个质量控制阶段最为重要的一环，因为这关乎整个工程质量的命脉。现场质量控制的主要目标是对在施工过程中建筑构件的持续循环的质量控制，最后达到质量控制的要求。

1. 现场采集

根据现场情况不同，现场采集有不同的方式。普通情况下有两种采集方法：

（1）基础录入方式，采用 iPad、数码相机等拍照。

（2）在现场情况较为复杂、质量信息量大、涉及对象较多的情况下，可使用全景扫描技术，并辅以视频影像。

上述这两种方法灵活配合，现场质量情况可从全局和局部来进行采集。

2. 质量信息录入

实时跟踪、及时准确地将质量信息录入 BIM 模型，是 BIM 质量管理应用的亮点。BIM 模型在对施工中的质量相关信息记录之后，要将记录的质量信息上传至数据库中，为原有模型再增添一项新的维度——质量信息维度。在质量信息中，具体内容、质量情况、处理情况、时间等缺一不可，还要加入现场收集的时间、天气、工程部位等实时信息，以形成完整的质量信息，与 BIM 模型中特定构件进行关联（图 4-16）。

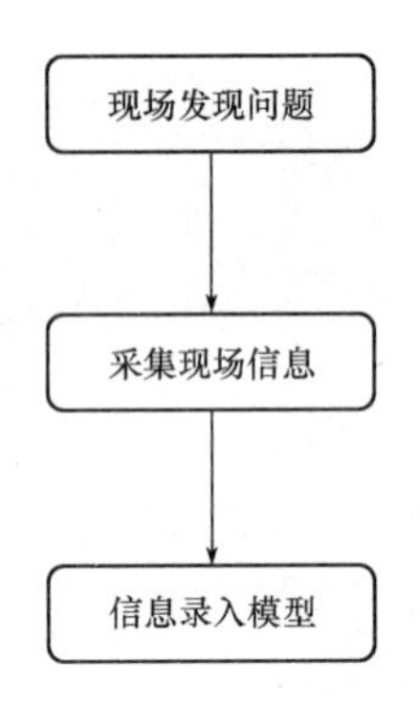

图 4-16　基于 BIM 实施的质量信息控制流程

3. 质量检查对比

通过客户端进行现场实际和模型对比。

4. 质量偏差整改

发现质量误差时要及时整改，并把质量整改时间、整改结果等以图片和文档的形式录入 BIM 模型。

传统方式进行现场的质量管理和控制时，一般依照二维图纸的数据，对现场数据进行实际测量，通过比对来检验质量是否合格。项目中运用到 BIM 技术时，可以将该技术与现代数码设备结合，进行现场实时监控，一旦发现施工现场有问题，实时上传和报告，实现数字化的管理。

基于 BIM 的质量管控以时间维度、空间维度和构件类别等的质量信息进行统计汇总，从工程开工到竣工的全部质量信息存储在 BIM 系统的后台服务器中。BIM 质量管控可以随时调取不同时间、空间或构件的质量数据资料，保证工程基础的数据及时、准确，为决策者提供最真实、准确的支撑体系。首先，相关人员要获取现场相关质量信息，获取的方法有现场拍摄照片、通过实际测量和靠观感的文字信息等；然后，将得到的工程部位反映质量状况的图片信息和文字信息等质量信息关联到 BIM 模型，在 BIM 平台中进行质量检查，把握现场实际工程质量；最后，相关人员根据 BIM 平台中的质量信息来判断是否有质量偏差需要整改。图 4-17 为国内某写字楼 BIM 模型与施工现场对比图。

图 4-17　国内某写字楼 BIM 模型与施工现场对比图

十、4D 施工模拟

工程项目施工前进行专项施工方案的模拟以及优化能够起到准确的指导作用，合理的专项方案是项目规划具有可实施性和高细致程度的基础。随着社会的发展，现代工程项目中常常会用到一些新材料和新工艺。但是工程项目的技术人员和施工人员并不知道该如何使用这些新型材料，传统模式的工程项目主要依靠二维图纸以及一些必要的文字来编制工程项目的专项施工方案，很难将新材料和新工艺的使用步骤和工序介绍清楚，施工人员和技术人员理解起来也非常困难。使用 BIM 技术的工程项目在进行专项施工方案的模拟时，会针对不同材料的特性，将施工步骤和需要注意的地方很直观地表现出来，在此基础上配上必要的文字，不仅大大增强了施工人员和设计人员对项目中材料使用的理解程度，而且使专项施工方案的实用性有所保障。

（1）虚拟施工，即应用虚拟现实技术将实际施工过程在计算机上进行虚拟建造，在高性能计算机的支持下，对施工过程的人、材料、设备等进行仿真。提前发现施工过程中可能会出现的问题，实际施工之前就采取相应的预防措施避免问题的出现，增强对施工过程中的控制能力。

（2）基于 BIM 技术的虚拟施工，简称 BIM 虚拟施工，融合了 BIM 技术、虚拟现实技术、数字三维建模及仿真等计算机技术，在施工前对要进行的施工过程进行三维数字化模拟，真实展现具体要施工的步骤和内容，减少或者避免建筑设计与施工过程中“错、漏、碰、缺”现象的发生。

BIM 虚拟施工技术是一种在虚拟环境中进行建模、模拟、分析工程项目设计与生产过程的数字化、可视化技术。在施工前应用 BIM 虚拟施工技术对项目的施工方案进行检测、模拟、分析、调整与优化，直至获得最佳的施工方案（图 4-18）。施工前进行的施工虚拟模拟，作为施工过程中指导施工的依据，以及施工后质量检查和责任追溯的依据。

（3）4D 施工模拟基本上是通过将已经编制好的进度计划和 3D 模型关联来开展的。4D 模拟能进行的一个关键因素是，进度计划要有详细的构件分解和相应对照的具体工序。所以为了 4D 模拟能够成功，就需要通过进度计划对作业进行详细的构件分解，比如，混凝土柱的建造工序包括模板安装、结扎钢筋、砼浇筑、拆除模板等工作。各个活动需要的作业空间、工作时间等各种因素都需要综合考虑，目的是使编制出的符合逻辑次序的施工工艺和细分的活动在 4D 模拟中展示出来。4D 模拟过程是将构建好的施工模型和编制完成的进度计划进行交互，然后在三维软件中通过进度计划里的时间信息将模型的每一个构件按照一定工序进行施工模拟的过程。可以通过多种不同的方法、技术实现进度计划和施工模拟的链接。

比如，利用工作分解结构技术进行进度计划和施工模拟两者的关联，然后实现 3D 模型和进度计划直接关联，再通过建模人员的人工审查和修正保证关联的正确无误。还可以让人们在三维视图中对 4D 模拟直接进行调整，对用户的修改能很快地反映到进度计划中，可以做到确保 3D 模型、进度计划和 4D 模拟的同时等效性。例如，美国 Autodesk 公司的 4D 模拟方案，通过 Revit 系列建模软件创建参数化的 BIM 模型，然后通过 Naviswork Manage 软件中

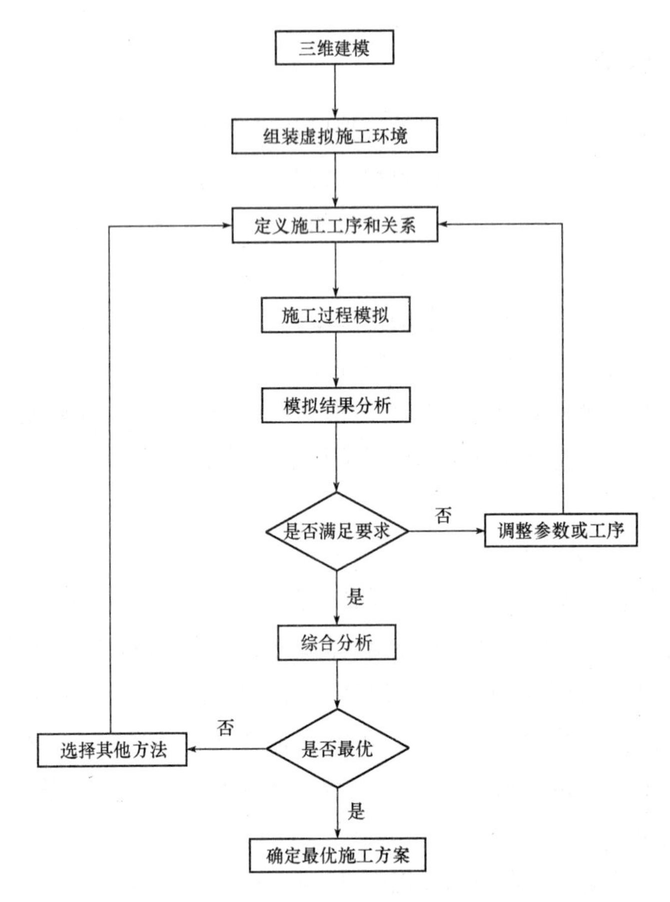

图 4-18　虚拟施工方案优化的一般流程

的 Timeliner 功能达到与进度计划的链接，从而实现项目提供的 4D 虚拟建造的演示。4D 模拟的实现框架如图 4-19 所示，而在国内鲁班公司的 Luban BIM Works 可以运用 4D 模拟，利用可视化施工来进行交底，不仅减少了沟通错误，还能提高施工质量。

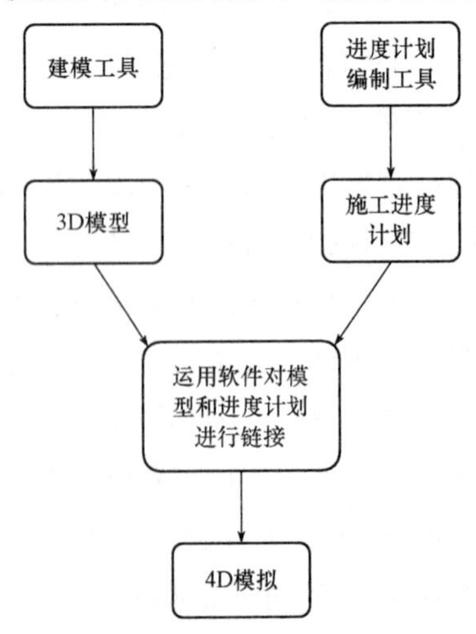

图 4-19　基于 BIM 的 4D 施工模拟示意图

运用4D施工模拟的好处是：可以对质量常见问题及常见控制点进行4D施工模拟，重视对关键节点、防水、预埋、隐蔽工程及施工中出现的重难点项目的技术交底。传统的方法则是通过二维CAD图纸进行空间想象，但是人的思维空间毕竟有限，而且想象各异。与二维CAD图纸相比，BIM技术对技术交底的解决方法是利用BIM模型4D模拟可视化、模拟施工过程及动画漫游进行技术交底，这样一线现场施工人员不仅可以更直接感受了解复杂工程节点，还能提高质量控制人员之间的沟通效率，能有效地预防隐患的产生。图4-20是钢结构的BIM模型的施工模拟图。

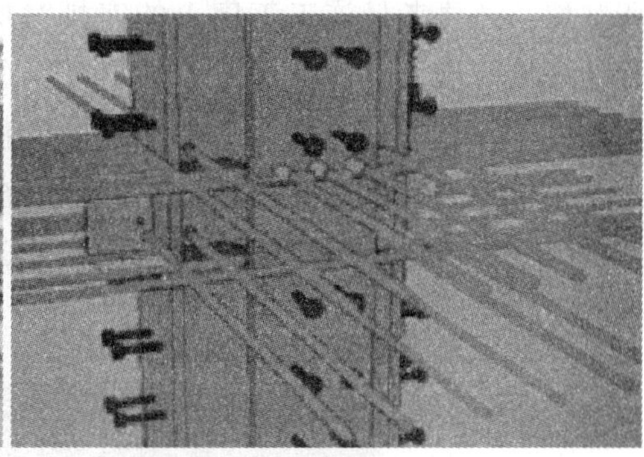

图4-20 基于BIM的钢结构模拟图

应用BIM的虚拟建造技术，结合PDCA循环法对施工过程及施工方案进行不断的优化和调整，最后形成最优施工方案，应用该方案指导实际的施工过程，有利于减少施工过程中的变更和不必要的施工。

十一、4D-5D施工资源动态管理

在实际工程的施工中，施工资源的管理是一个十分复杂的过程，这是由于施工现场的情况是随施工作业的进行而不断改变的，任何一种工序都在实时地使用多种资源，而且资源在实施使用过程中是多目标、多层次的，所以施工资源的管理是实时动态的资源管理。为了克服资源管理的局限性，需应用计算机技术辅助进行项目资源的动态管理，从而提高管理的效率，降低管理员的劳动量。随着BIM技术的发展，应用BIM技术对施工过程的资源进行动态的管理是施工管理应用的一项重要内容。

（1）施工资源动态管理包括资源使用计划管理和资源使用动态管理，其中，资源使用计划管理可以自动计算任意WBS（Work Breakdown Structure，工作分解结构）节点的日、周、月各时间段施工资源的计划用量，合理调配和控制施工人员的安排、工程材料的采购以及大型机械的进场等工作；资源使用动态管理，即资源的动态查询与分析，实现计划预算用量、实际预算用量以及实际消耗量的对比分析。

例如，材料信息库对比，现场施工管理人员可根据BIM软件提供的每个构件的详细的质量属性数据来进行现场施工质量控制，包括材料的数量、规格、简图、搭接说明、生产厂家等详细数据，这些都是材料管控的关键依据。质量管理人员可通过 BIM 中表明的模型构件，得知相关构件在实际中的详细位置，然后根据工序顺序及构件部位进行材料信息库比对，不仅可以确保构件材料使用的准确性，还可以有效地避免偷工减料情况的发生。由于在实际施工现场，材料堆积、品种规格杂乱，施工时常常发生材料错用的情况，所以现场施工管理人员在使用材料前，直接点击模型中的相应构件，能够很方便地浏览各种材料的质量属性，及时进行现场核对。

再如，在考虑机械设备在施工现场的布置时，不仅需要人们对现场空间的整体布局有所掌控，还要考量施工工序上的安排对机械设备的布置产生的影响。利用软件本身自带的大型机械设备族，通过软件对现场的机械进行数字化模拟，对其占地面积与其设备高度进行模拟性分析。通常在传统的机械设备的现场布置中，由于对机械的高度缺乏考量，导致塔吊、履带吊起等起重设备共同使用时受到影响，而在 BIM 技术的 3D 场地模拟下，可以通过对现场的模拟再造，以动画方式模拟设备吊装及机械挪场过程（图 4-21）。

图 4-21　基于 BIM 的场地机械模拟示意图

（2）4D 施工资源信息模型，运用 4D-BIM 技术，引入工程量清单计价方法，在三维建筑信息模型基础上关联 WBS、施工预算等信息，建立 4D 施工资源信息模型（图 4-22），并实现资源信息和预算信息的共享。在进行施工管理的过程中，将资源管理细化到 WBS 工序节点，并自动计算任意 WBS 节点的工程量以及这一阶段的人力、材料、机械消耗量和预算成本，实现 4D 施工资源的动态管理和实时监控，进而提高工程施工的质量。

（3）5D 施工资源信息模型是建立在 4D 施工资源信息模型的基础上，加上实时的成本（或者材料）信息。5D 施工资源的动态管理是为了实现施工过程的资源动态管理和成本实时监控，可以对施工过程中的工程量、资源、成本进行动态查询和统计分析，有助于全面地掌控项目的实施和保障资源的供给，同时也保证了施工质量目标的顺利执行。

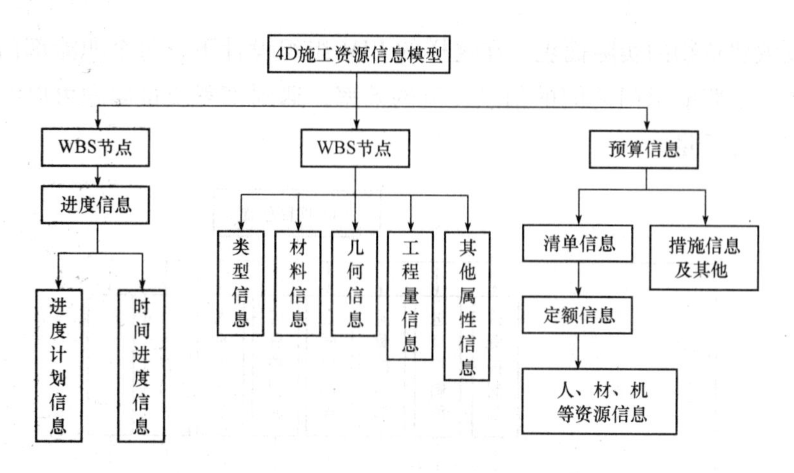

图 4-22　4D 施工资源信息模型建设过程

十二、协同管理机制

施工过程协同管理是指将施工作业过程中作业人员、技术人员和管理人员统筹起来，一致实现施工过程最初制定的目标。BIM 技术下的协同管理是指应用 BIM 技术将建设项目全寿命周期所产生、所需要的基本信息储存、整合至一个数据模型中，实现不同专业、不同人员的分工和协同，不同专业人员可以从同一构件的属性列表中获取各自所需的信息，也可以在核心模型上进行各自的设计工作并进行同步上传更新。BIM 的核心价值之一就是实现施工过程的协同管理。

基于 BIM 技术的项目协同管理是一个新兴的建筑工程项目协同管理体系，是近代工程项目施工生产的需求和发展的产物，满足共赢、互补、资源集成共享、有机融合和求同存异等原则。BIM 技术下协同管理的应用，是指设计、采购、施工、运营阶段 BIM 应用的高度协作与深度整合，通过协同管理应用的技术和管理机制来实现 BIM 的应用价值。

例如，在施工组织设计中，BIM 的施工组织设计是实现 BIM 质量控制的保证。质量控制部门要确保工程质量达到设计所要求的程度，每一类质量信息都汇集到 BIM 模型中，项目部对其进行统一的控制。传统的组织设计缺点明显，各个部门的分工不同造成沟通的不及时，容易产生施工质量事故，进而造成工期的延误。在 BIM 平台上，所有的流程和技术框架都是围绕唯一的 BIM 模型展开的。基于 BIM 的项目控制流程要求每个参与者、每个分包商、每个部门的信息最终必须上传至 BIM 模型，最后由项目的管理层汇总后分享给每个参与方。

如图 4-23 所示，在横坐标上的职能组织在自己的工作范围内收集各项信息，纵坐标上的各分包商收集自己所负责工作的工程信息，最后两者交汇在 BIM 3D 模型中。在此职能组织中，BIM 模型存储了所有的信息，并且信息可以随着各部门的维护而随时完善。随着各个相关职能部门和分包商的施工人员信息的提交，BIM 模型不断趋于完整，最终的建筑信息模型能够真正反映建筑物的实际面貌。在这样的 BIM 组织设计下，每个职能部门都能加强沟通，这能增进每个职能部门之间的信息交流的效率，遇到工程质量问题可以及时有效地解决，从而提高工程质量。

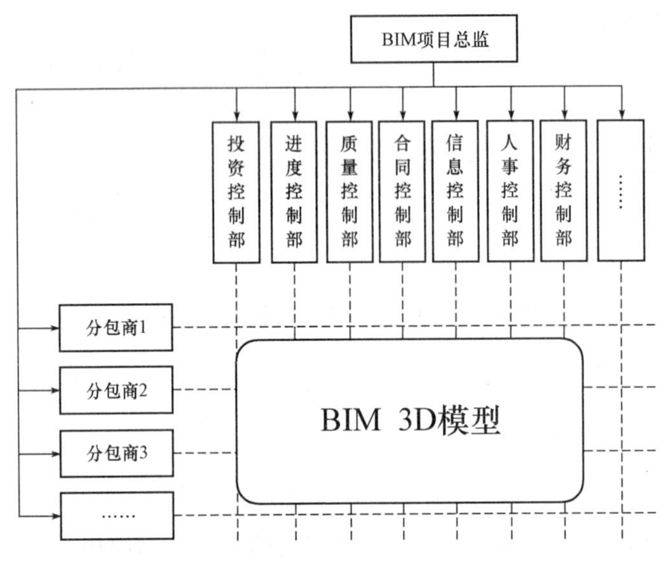

图 4-23　基于 BIM 的施工组织设计

将 BIM 技术下的协同管理机制应用于建筑工程施工过程中，协同项目的各参与方对项目进行建设，有利于设计成果更好地指导施工，有利于对人、材料、机械等资源进行有效控制，有利于对施工过程及其流程的顺利进行等，进而保证工程的施工效果。

十三、三维激光扫描技术

三维激光扫描技术是多个学科综合发展而来的技术集合，又称“实景复制技术”，能大范围地对目标区域进行高密度的重采样，获取海量目标点的三维空间坐标，具有速度快、精度高、计算准确等特点。可以应用三维激光扫描技术对建筑物进行测量、维护和仿真、位移监控和外观结构三维建模等。将三维激光扫描技术和 BIM 技术相结合可以对施工过程和结果进行控制与检测，成为施工质量控制与管理的一种手段，有利于对工程项目重点部位的质量控制。三维激光扫描技术通过激光扫描生成海量的点，并通过海量的点云模拟物体表面信息，能快速精确地反映出建筑物的局部的变形量及总体的变形趋势等。

通过对三维激光扫描生成的点云数据进行整理，导入 Geomagic 等专业软件，可直接对点云进行拟合建模，形成高精度、多种分辨率的三维模型，再和 CAD 图纸、BIM 建筑信息模型进行对比，寻找建筑的施工结果和设计成果的不同。三维激光扫描技术可以成为连接 BIM 技术和施工现场的纽带，通过扫描仪对建筑工程需要重点监控的部位进行扫描，得到施工质量数据，结合 BIM 技术为质量的管控和验收工作提供数据支持，实现检测信息的实时共享。将三维激光扫描技术应用于质量检控中，能够对建筑物的局部或整体进行全方位的测量，将通过两次及以上扫描得到的数据进行对比分析，即可知建筑整体变形情况。

将三维激光扫描技术和 BIM 技术结合应用于工程施工管理过程中，能够很好地对施工过程进行质量检查与控制，有利于建筑工程施工的质量控制方法和理念的创新，推动建筑工程施工管理的过程逐步走向精细化、信息化。

第四节 基于 BIM 技术的质量管理应用存在的问题

工程项目施工过程中质量问题产生的原因很多，其中人为因素产生的质量问题很难通过改进工具和方法完全避免；但由于工具和方法的原因而造成的质量问题可以通过 BIM 技术的应用进行一些改善。将 BIM 技术引入施工过程，不但改善了质量控制流程，提高了质量的控制水平，还能够避免出现影响质量计划的诸多因素，从而实现项目的质量目标。将传统施工质量控制和 BIM 技术下施工质量控制的差异进行对比，分析 BIM 技术对于传统施工质量控制中问题的解决程度，见表 4-1。

表 4-1 BIM 技术的应用对质量控制现存问题的解决程度

序号	现存问题	BIM 技术引进后	解决程度
1	施工人员专业技能不高	不能提高一线施工人员的素质，但是可以改善一线施工人员对工程项目的认识及管理人员的管理效率	比较局限
2	建筑材料适用不规范	基于 BIM 技术的建筑材料信息分类及编码，类似于条码扫面，建立材质库，对施工材料使用前的采购加以控制，提高材质的真伪度等	部分解决
3	不按图纸或规范施工	BIM 技术的可视化等有利于施工人员按照施工规范或方案进行施工	部分解决
4	不可预知建筑工程感官质量	BIM 模型、BIM 技术的可视化、深化设计等有利于施工人员在施工之前对建筑物有一个很好的质感	很好解决
5	各专业工种互相影响	BIM 的虚拟施工、碰撞检查等技术可以对各专业进行虚拟建造和检查，减少各专业之间的冲突	完全解决
6	现行管理方法的局限性	BIM 技术的可视化等特点可以提高传统质量管理方法的效率	部分解决

（1）一线施工人员的素质必须通过培训和教育来提高，但通过 BIM 技术对施工项目

进行三维展示、虚拟施工、漫游等，可以使一线施工人员对于自己要施工的项目及建造过程有新的认识，有利于提高他们的专注度。施工管理人员通过 BIM 及其相关技术设备的应用能够提高管理效率，例如移动客户端的施工，避免了施工管理人员携带厚厚的图纸等，给施工的管理带来了方便。因此，应用 BIM 技术可以解决部分施工人员专业技能不高的问题。

（2）随着建筑业信息化技术的发展，应用并建立基于 BIM 技术的建筑材料信息的分类及编码，建立材料、材质的 BIM 数据库以及生产厂家的信息库等，配合使用扫描技术，能够在施工前对材料进场或者对材料实验进行更有效的控制。

（3）不按图纸或规范施工，一种情况是由施工人员主观造成的，结合 BIM 技术的可视化把监控设备应用于施工过程等，虽然不能解决这类问题，但是可以促进施工人员责任意识。例如，利用施工现场安装的摄像装备，对施工现场进行监控并同步施工进度到 BIM 控制中心，在 BIM 项目中心对施工现场的施工过程进行有效控制和记录。另一种情况是由于部分施工人员对于设计的成果理解不到位或错误认图造成的，应用 BIM 技术的可视化成果把虚拟建造过程展现给相关人员，可以很好地解决这类问题。“不按图纸或规范施工”这一问题应用 BIM 技术可以部分解决。

（4）应用 BIM 技术对项目的二维图纸进行深化设计形成三维模型，能够很好地将虚拟建筑的模型展现在施工人员面前，将抽象的建筑物形象化。应用 BIM 相关软件（Fuzor 等）在虚拟建筑物中漫游并查看各个构件的信息等，能够更加明白建筑物的意图。“不可预知建筑工程感官质量”这一问题应用 BIM 技术可以很好地解决。

（5）各专业工种互相影响这一问题，往往是由于设计过程协调不够、施工工序和交叉作业安排的不合理造成的。应用 BIM 技术的碰撞检查可以对各专业进行冲突检查，排除专业之间的相互影响。应用 BIM 技术的虚拟施工模拟施工过程，合理安排交叉作业的施工时间，可以避免发生施工冲突进而影响工程质量。

（6）现行的质量控制理论已经比较成熟，也有很高的理论价值，但由于工具、方法、理念等条件的限制，这些理论在实际的项目管理中往往不能很好地执行，得不到充分发挥，这也与建设项目的特点及施工技术脱不了关系。应用 BIM 技术可以为传统质量控制的过程提供工具及创造条件，充分发挥它们的价值，提高工程项目的施工质量。因此“现行管理方法的局限性”这一问题应用 BIM 技术可以部分解决。

本章小结

本章对 BIM 技术在工程质量管理中的应用方法和应用内容进行了分析，总结了 BIM 技术，在施工质量管理中应用的优越性及应用亮点，以及 BIM 技术引入施工质量管理过程存在的障碍。

思考题

1. BIM 技术在质量管理中应用的优势。
2. 影响项目质量的主要因素有哪些？
3. BIM 技术在质量管理中的具体应用体现在哪些方面？

第五章

BIM 项目进度管理

第一节　项目进度管理概述

一、项目进度管理的概念

项目进度通常指项目实施的进展情况。在项目实施过程中伴随各项任务的完成，会有时间、人力、材料、机械等资源的消耗，且项目实施结果通常以一定时间内满足合约要求的可交付的任务完成量来表达。项目进度与质量、成本之间相互联系、相互制约，如果一个项目的进度缺乏管理，任其自由发展，势必工期拖沓，造成资源的浪费；若盲目追求进度，不顾一切地赶工期、抢进度，又势必会增加成本、影响质量，后患无穷。所以在现代项目管理中，人们将项目任务、工期、成本、资源消耗、质量等有机结合起来，赋予进度综合的含义，形成一个全面反映项目实施状况的综合指标。在项日实施过程中，合理安排计划，有效管理进度，有利于项目质量和成本的控制，从而实现三大目标的共管共赢。

广义上的进度管理是对项目全寿命周期各个阶段的进度进行规划、控制、调节，以保证每一阶段都能按期达到阶段目标，从而保证项目总目标的顺利实现。狭义上的进度管理是仅对实施阶段的施工进行管理，本章所讨论的进度管理仅指实施阶段的进度管理，即项目施工进度管理。

项目进度管理是根据项目工期目标的要求，对项目各阶段的工作内容、工作时间及活动之间的搭接关系编制实施计划并付诸实施，在实施过程中实时监测、纠偏和调整，确保项目目标按期完成的活动过程。从项目进度管理的定义可知，项目进度管理是进度计划系统、进度检测系统、进度调整系统三大系统相互作用的过程。项目进度管理基本流程如图 5-1 所示。

项目进度管理过程中，项目进度管理人员在充分调查影响项目进度的各种因素，并分析各因素对项目进度的影响程度的基础上，确定合理进度目标、制订可行进度计划，使项目的

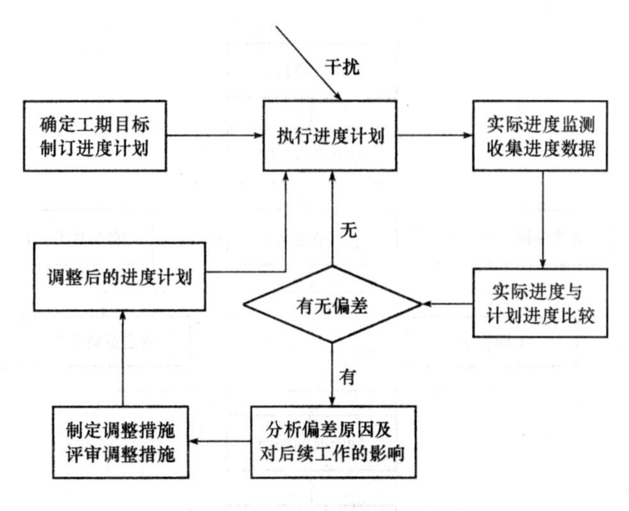

图 5-1　项目进度管理基本流程

实施能按计划进行。在进度计划实施过程中，项目进度管理人员要实时监测实际进度情况、收集相关数据，并将实际进度情况与计划安排做对比，从中找出进度偏差信息。然后分析进度偏差产生的原因及其对后续工作和总进度目标的影响，采用组织措施、技术措施、合同措施、经济措施等对原进度计划进行调整或修改，然后再按新的项目进度计划实施。项目进度管理就是在项目进度执行过程中不断检查和调整进度计划，以保证项目进度目标实现的一个动态过程。

二、项目进度管理的内容

项目进度管理指在全面分析工程项目的各项工作内容、工作程序、持续时间和逻辑关系的基础上进行的进度计划编制（力求使拟定的计划具体可行、经济合理），以及在计划实施过程中，为确保预定的进度目标的实现，而进行的组织、指挥、协调和控制等活动。在项目进度管理全过程中，科学合理的进度计划是项目顺利实施的基础前提，进度实时监督与控制是项目进度目标实现的有力保障。

（一）项目进度计划编制

项目进度计划是对项目全部工作的时间节点、顺序关系、逻辑关系所制订的计划，是项目计划体系中最重要的组成部分，是其他计划的基础，是保障项目成功的必要条件。在开工前，项目进度计划管理人员依据合同约定的总工期目标，计算总任务量，制订出进度计划，另外项目进度计划还要对项目全部工作所需的人力资源、机械资源、材料资源等进行合理调配。进度计划的编制流程如图 5-2 所示。项目进度计划使进度管理工作能有序进行，它明确了所有工作的逻辑关系，解决了在什么时间、什么地点、什么人、做什么的问题。项目进度计划随着项目技术设计的细化、项目结构分解的深入而逐渐细化。

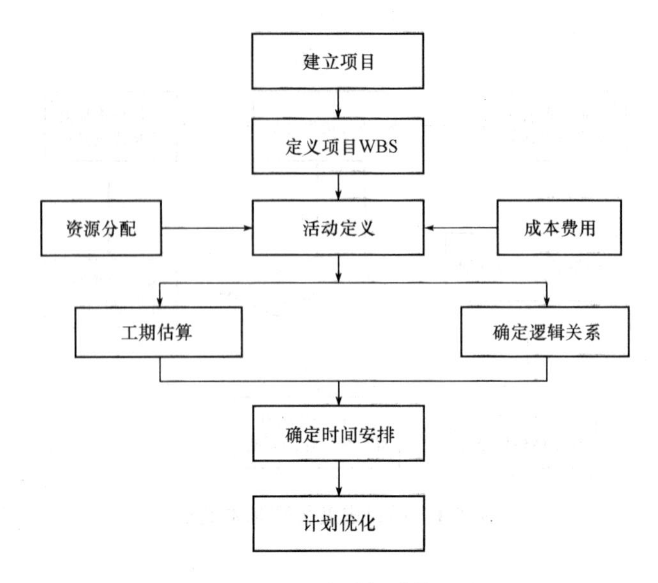

图 5-2　项目进度计划的编制流程

1. 项目进度计划的作用

（1）项目进度计划是进度控制的依据。

（2）项目进度计划对资源进行合理调配的依据。

（3）项目进度计划是相关方加入项目的时间表。

（4）项目进度计划是督促各方实现工期目标的依据。

2. 项目进度计划的编制依据

（1）项目承包合同和设计文件，建筑总平面图、施工图、建设规范等技术资料。

（2）项目施工部署和施工方案。

（3）项目概算和预算文件。

（4）项目物资和设备供应条件。

（5）项目组织和现场条件。

3. 项目进度计划的内容

（1）编制说明。

（2）施工进度计划表。

（3）施工进度计划的风险分析及控制措施。

（4）分期分批施工工程的开工日期、完工日期及工期一览表。

（5）资源需要量分配及供应平衡表等。

4. 施工组织基本方式

在生产领域组织项目生产最基本的方式有依次施工、平行施工和流水施工三种，实际中组织生产的方式由其中一种或多种组合而成。

（1）依次施工。依次施工的作业方式是将拟建工程项目的整个建造过程分解成若干个施工过程，按照一定的施工顺序，前一个施工过程完成后，后一个施工过程才开始施工的组织方式。它是一种最基本、最原始的施工作业组织方式。依次施工组织方式如图 5-3 所示。

编号	施工过程	人数	持续时间/周	进度计划/周					
				2	4	6	8	10	12
Ⅰ	挖土方	10	2						
	浇基础	10	2						
	回填土	10	2						
Ⅱ	挖土方	10	2						
	浇基础	10	2						
	回填土	10	2						

图 5-3　依次施工组织方式

依次施工具有以下特点：

①没有充分利用工作面去争取时间，工期长。

②各专业队伍不能实现专业化施工，不利于提高劳动生产率和工程质量。

③各专业队伍不能连续作业，资源无法均衡使用。

④单位时间内投入的资源量少，有利于资源供应的组织工作。

⑤施工现场的组织管理比较简单。

（2）平行施工。平行施工的作业方式是组织几个相同的工作队，在同一时间、不同的空间，按施工工艺要求完成各施工对象。平行施工组织方式如图 5-4 所示。当拟建工程任务十分紧迫、工作面允许以及资源供应有保障的前提下，可以采用平行施工组织方式缩短工期。

编号	施工过程	人数	持续时间/周	进度计划/周					
				2	4	6	8	10	12
Ⅰ	挖土方	10	2						
	浇基础	10	2						
	回填土	10	2						
Ⅱ	挖土方	10	2						
	浇基础	10	2						
	回填土	10	2						

图 5-4　平行施工组织方式

平行施工组织方式具有以下特点：

①充分利用工作面争取了时间，工期短。

②单位时间内投入的资源成倍增长，现场临时设施也相应增加。

③各专业队伍不能实现专业化施工，不利于提高劳动生产率和工程质量。

④各专业队伍不能连续作业，资源无法均衡使用。

⑤施工现场的组织管理较为复杂。

（3）流水施工。流水施工的作业方式是将拟建工程在平面上划分为若干个作业段，在竖向上划分为若干个作业层，并按照施工过程成立相应的专业工作队，各专业队按照施工顺序依次完成各个施工对象的施工过程，同时保证施工在时间和空间上连续、均衡和有节奏地进行，使相邻两专业队能最大限度地搭接作业。流水施工组织方式如图 5-5 所示。

编号	施工过程	人数	持续时间/周	进度计划/周					
				2	4	6	8	10	12
I	挖土方	10	2						
	浇基础	10	2						
	回填土	10	2						
Ⅱ	挖土方	10	2						
	浇基础	10	2						
	回填土	10	2						

图 5-5 流水施工组织方式

流水施工组织方式具有以下特点：

①较充分地利用工作面进行施工，工期比较短。

②实现了专业化施工，有利于提高技术水平和劳动生产率。

③专业工作队能够连续施工，实现了最大限度地搭接。

④单位时间内投入的资源量较为均衡，有利于资源供应的组织。

⑤为施工现场的文明施工和科学管理创造了有利条件。

流水施工能在不增加任务费用的前提下缩短工期、提高劳动生产率、保证工程质量、降低工程成本，可见，流水施工是实现施工管理科学化的重要组织方式，是与建筑设计标准化、施工机械化等现代施工内容紧密联系、相互促进的，是实现企业进步的重要手段。

5. 进度计划表达方式

在长期的工程实践中，人们发明了多种表达工程进度计划的方法，其中最常用的有横道图计划和网络图计划。

（1）横道图计划。横道图是由美国管理学家甘特提出来的，又被称为甘特图，是一种最直观的工期计划方法，在工程中广泛应用。用横道图表示的进度计划的基本形式如图 5-6 所示。

编号	施工过程	持续时间/周	进度计划/周					
			2	4	6	8	10	12
Ⅰ	1—1	2	■					
	1—2	2		■				
	1—3	2			■			
Ⅱ	2—1	4			■	■		
	2—2	4				■	■	
	2—3	4					■	■

图 5-6　某项目工期计划

横道图中以横坐标表示时间，工程活动在图的左侧纵向排列，活动所对应的横道位置表示活动的开始与结束时间，横道的长短表示活动持续时间的长短。

横道图的优点：

①它能够清楚地表达活动的开始时间、结束时间和持续时间，一目了然，易于理解，并能够为各层次的人员所掌握和运用。

②使用方便，制作简单。

③不仅能够安排工期，而且可以与劳动力计划、材料计划、资金计划相结合。

横道图的缺点：

①很难表达工程活动之间的逻辑关系。如果一个活动提前或推迟，或延长持续时间，很难分析出它会影响哪些后续的活动。

②不能表示活动的重要性，如哪些是关键的，哪些活动有推迟或拖延的余地。

③横道图上所能表达的信息量较少。

④不能用计算机处理，即对一个复杂的工程不能进行工期计算，更不能进行工期方案的优化。

横道图的优缺点决定了它既有广泛的应用范围和很强的生命力，同时又有局限性。

①它可直接应用于一些简单的小项目。由于活动较少，可以直接用它排工期计划。

②项目初期由于尚没有做详细的项目结构分解，工程活动之间复杂的逻辑关系尚未分析出来，一般人们都用横道图来表示总体计划。

③上层管理者一般仅需了解总体计划，故都用横道图表示。

④作为网络分析的输出结果。现在几乎所有的网络分析程序都有横道图输出功能，而这种功能被广泛应用。

（2）网络图计划。为了克服横道图的局限性，1956 年沃克和凯利合作开发了一种面向计算机安排进度计划的方法，即关键路线法。以后在此方法的基础上陆续开发了计划评审技术、图示评审技术、风险评审技术、决策网络技术和随机网络计划技术等，统称为网络图计划。网络图计划将项目工作内容分解成相对独立的工序，根据工序的开始时间、结束时间、持续时间、先后顺序、逻辑关系，通过单代号或双代号网络图的形式表达项目的进度情况。双代号网络图如图 5-7 所示，单代号网络图如图 5-8 所示。

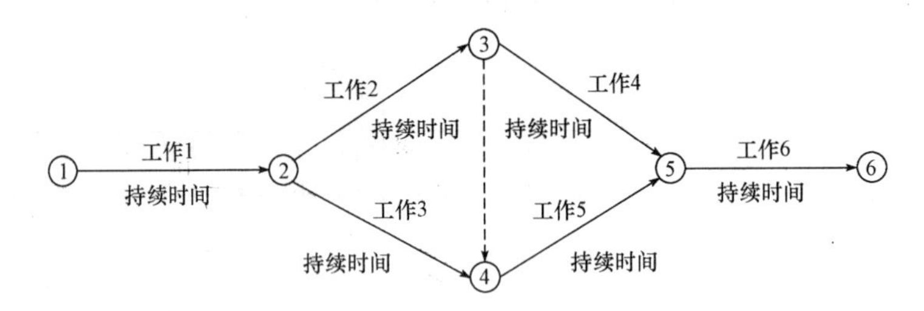

图 5-7　双代号网络计划图

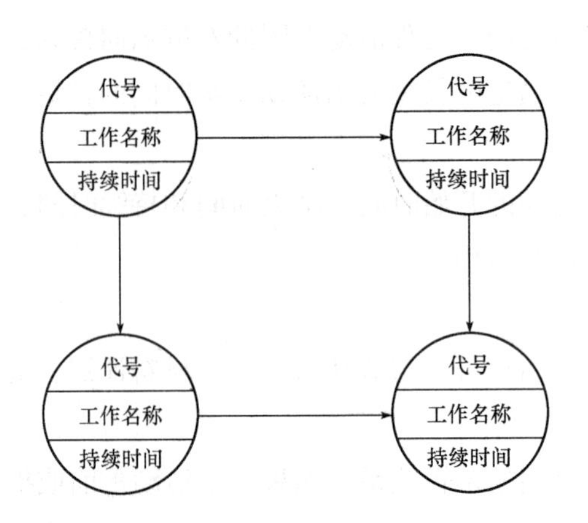

图 5-8　单代号网络图

双代号网络图中，用箭线表示一项工作，箭线的箭尾节点表示该工作的开始，箭线的箭头节点表示该工作的结束，工作名称写在箭线的上方，而消耗的时间则写在箭线的下方。网络图中的工作是按需要划分而成的，有的工作既要消耗时间也要消耗资源，称为实工作；有些工作只消耗时间不消耗资源，称为挂起工作，如混凝土浇筑后的养护工程；有些工作既不消耗时间也不消耗资源，表示工作时间的逻辑关系，称为虚工作，一般用虚线表示。

单代号网络图用节点表示工作名称、持续时间和工作代号，以箭线表示工作之间的逻辑关系，网络图中的箭线无虚实之分。与双代号网络相比，单代号网络图绘制简单，按照逻辑关系将工程活动之间用箭线链接即可。而且其表达方式与人们的思维方式一致，易于被人们接受。但是，由于单代号网络图中工作的持续时间表示在节点之中，没有长度，所以不能直接根据单代号网络图进行工期资源优化。

网络图计划具有以下优点：

①利用网络图计划技术可以进行工作时间的计算，明确反映各工作间的制约和依赖关系，找出影响项目进度的关键工作，抓住主要矛盾，避免盲目抢工，实现进度目标。

②利用网络计划工具，可以更好地进行劳动力、材料设备、施工机具设备等资源的调配，控制费用计划，降低成本。

③现代计算机技术实现复杂网络计划的制订、计算、检查和调整，可以进行项目工期优化、资源优化、费用优化，达到三者间的平衡，并能方便地进行项目进度控制，实现计划进度与实际进度间的对比，及时发现偏差，快速更新项目计划。工期优化是指，当网络计划的计算工期不能满足要求工期时，通过压缩关键工序的持续时间以达到满足要求工期的过程；费用优化又称工期—成本优化，是指寻求工程总成本最低时的工期安排，或按要求工期寻求最低成本的计划安排过程；资源优化是指通过改变工作的开始时间，使资源按时间的分布符合优化目标。

（二）项目进度控制

项目进度控制是指在既定的工期内，编制出最优的施工进度计划，在执行该计划的施工中，经常检查施工实际进度情况，并将其与计划进度相比较，若出现偏差，分析偏差产生的原因及其对后续工作和进度目标的影响程度，找出必要的调整措施，修改原计划，不断地如此循环，直至工程竣工验收。项目进度控制的总目标是确保项目的既定进度目标的实现，或者在保证项目质量和不增加项目实际成本的条件下，适当缩短工期。

1. 项目进度控制过程

（1）审核和批准工程实施方案和进度计划，并采取各种控制措施保证项目各项活动按计划开始。在项目实施过程中实时监测项目实际进展情况，收集、记录相关资料。

（2）在各控制期末，将项目的实际进度与计划安排相比较，确定各项任务、里程碑计划及整个项目的完成情况，并结合工期、交付成果的数量和质量、劳动效率、资源消耗和预算等指标，综合评价项目的进度状况，发现进度偏差，分析偏差产生的原因，找出需要采取纠正措施的地方。

（3）评定偏差对后续工作及总进度目标的影响，分析项目进展趋势，预测后期进度状况、风险和机会。

（4）提出调整进度的措施。

（5）评审调整措施和新计划，检查调整措施的效果，分析新的工期是否符合总进度目标要求。

由上可知，进度计划是进度控制的依据，是实现工程项目工期目标的保证。因此进度控制首先要编制一个完备的进度计划。但由于各种条件的不断变化，需要对进度计划进行不断地监控和调整，以确保最终实现工期目标。同时，为保证进度目标的实现，还要协调与项目进度有关的单位、部门和工作队组之间的进度关系。

2. 项目进度控制采取的主要措施

项目进度控制采取的主要措施有组织措施、技术措施、合同措施、经济措施和信息管理措施等。组织措施是指为实现进度计划而采取的确定进度控制目标、制定进度控制工作制度、建立进度控制组织系统、落实各层级进度控制人员等一系列方法。技术措施主要指为加快施工进度而采取的技术方法。合同措施主要指使分包合同的合同工期与进度计划目标相协调而采取的方法。经济措施是指为实现进度计划而采取的资金保证措施。信息管理措施是指为顺利开展监测、收集、整理实际进度数据工作，分析、汇报实际进度工作而制定的管理方法。

3. 进度计划调整方法

当工作进度滞后引起后续工作开始时间或计划工期延误时，可采用以下两种方法调整进度计划。

（1）调整某些后续工作之间的逻辑关系。在某些工作之间的逻辑关系允许改变的前提下，可以通过调整工作之间的逻辑关系达到追赶进度的目的。缩短工期从快到慢的作业关系依次为：分段组织流水作业、平行作业、搭接作业、顺序作业，只要向快一级的作业关系调整，就可以加快进度、缩短工期。通过变更工作间的逻辑关系缩短工期的方法简单易行且效果显著。

（2）缩短某些后续工作的持续时间。有些工作必须在前一工作彻底完成后才能开始，此时就不能采用调整逻辑关系的方法来追赶工期，这时只能压缩某些后续工作的持续时间来加快后期工程进度，以确保总进度目标的实现。

三、传统项目进度管理中存在的问题

随着进度管理理论的不断成熟和信息手段的不断发展，我国工程项目进度管理水平得到显著提高，但还是经常出现进度滞后、工期延误的情况。通过仔细分析，目前工程项目进度管理中主要存在以下问题。

（1）无法做到精细化管理。由于管理人员的精力和能力有限，而影响项目进度管理的因素众多，如水文气候、地理位置、地形地貌、施工环境、施工工艺、施工措施、图纸缺陷、设计变更、资金供应及人、材、机的供应等，管理人员无法充分考虑各种因素对进度的影响程度，无法做到精细化管理，使得进度计划中存在的缺陷往往到施工进展中才暴露出来，直接增大了工期延后的风险。

（2）进度计划缺乏灵活性，优化调整困难。目前主要利用横道图、网络图计划、关键路径法等配合 P6、Project 等软件进行项目进度计划的编写和管理。但由于影响项目进度的因素较多，进度计划在执行过程中不可避免地会因设计变更、施工条件改变等情况的出现而调整。但以传统进度管理方法进行进度计划调整，工作量较大、优化调整困难，致使实际进展与计划脱节，其控制进度的效力逐渐消失。

（3）组织协调困难。项目参与方较多，项目顺利实施需要各方不断沟通、协调。但在现阶段的工程项目管理模式下，项目各方参与者并不能实现无障碍合作。例如，由于进度偏差的表现形式很多、偏差信息的传递途径同样很多，这就会出现某个单位独自获得了进度偏差信息及纠偏措施而没有同步知会其他参与单位的现象。

（4）工程进度、成本及质量之间难以达到平衡状态。进度、成本、质量三者之间相互制约、相互联系，赶工会提高成本，并可能降低质量。传统进度管理缺乏切实有效的技术和方法，难以使三者同时达到最优状态。特别是当工期滞后时，易陷入花费高成本赶工但质量不合格而再次返工，致使进度再次滞后的恶性循环。

四、项目进度管理技术的发展

随着项目管理理念的不断深入，进度计划技术得到快速发展。20 世纪以来，项目进度管理的理论和方法得到长足发展，甘特图、工作分解结构、网络计划等技术得到广泛应用。20 世纪 80 年代，伴随着微型计算机和大量相关软件的出现，项目进度管理得以通过计算机实现。如 P6、Artemis、Workbench、Timeline、Project Scheduler、Suretrak、Microsoft Project、Navisworks 等，其中 P6、Microsoft Project、Navisworks 主要以进度控制为核心功能。网络计划等管理技术和 Project、P6、Navisworks 等项目管理软件的应用提升了项目进度管理信息化水平，但也存在较大的局限性。如各专业设计独立完成，即使付出较多努力审图，大量碰撞和错误仍会出现，从而影响进度；二维图表达方式复杂，造成沟通障碍；传统进度管理过程中组织协调各方困难，优化调整进度计划困难；进度管理多依赖项目管理者的经验，难以形成标准化、规范化的管理模式等。

随着管理技术的不断发展，规范化和精细化是项目进度管理的发展方向。随着计算机技术在各个领域的广泛应用，建筑信息模型 BIM 首先在美国被提出，之后迅速赢得其他发达国家的关注。经过数十年的推广，BIM 技术在一些发达国家已达到较高的应用普及率。目前，BIM 技术正逐渐应用于建设工程项目各阶段，为工程项目进度管理带来了很大便利。BIM 技术以建设项目三维模型为信息载体，消除了信息流通壁垒，增进了项目不同阶段、不同专业以及相关单位之间的交流和沟通，减少了信息孤岛和信息流失带来的项目管理难题，提高了管理效率。

第二节　BIM 进度管理概述

传统项目进度管理过程中各种技术的应用是孤立的，信息不对称、信息流失制约了进度管理水平的提高。基于 BIM 的进度管理体系建立在传统进度管理体系上，集成了传统进度管理理论、技术方法和 BIM 技术，可以实现信息技术辅助进度管理最优化。基于 BIM 的进度管理是将包含建筑物信息的三维建筑信息模型、施工进度和施工现场关联，并与资源配置、质量检测、安全措施、环保措施等信息融合在一起，形成 BIM4D 平台，该平台是 BIM 技术进度管理的核心关键。BIM4D 平台可实现施工进度、成本、质量、安全、人、材、机等的动态集成管理和施工过程的可视化模拟。

一、BIM 进度管理技术实现方式

1. BIM 技术进度信息描述方式

BIM 技术的应用前提是信息传递，不同 BIM 软件之间的信息传递需要借助一个中间文件才能实现。但繁杂的中间文件格式容易造成信息传递丢失，解决这一问题的基本途径就是建立通用的信息传递标准，所有的 BIM 软件都使用一种中间文件格式，用标准化的通用语言来传递信息。IFC 工业基础分类是由国际协同工作联盟（International Alliance for Interoperability，IAI）为建筑行业发布的建筑产品数据表达标准。它是实现 BIM 技术在各专业和领域信息共享和协同工作的重要支撑，软件开发商只要执行 IFC 标准或者在软件中增加 IFC 标准数据端口，就能实现 BIM 各相关软件间的文件相互传递和共享。

基于 BIM 技术的进度管理的关键是对施工程序和施工计划赋予时间信息，集成工程进度时间参数和进度参数。在 IFC 标准中，施工程序类 IFCProcess 及其子类别施工计划类 IFCWorkTask 可以表示施工过程。其中，IFCProcess 类可以描述项目各分部、分项工程中的独立任务；IFCWorkTask 类则可以对施工过程作更加具体的描述，如施工方法、工艺、里程碑、施工进度等信息都可用该类进行描述。在 IFC 标准中，进度信息的传递是通过拥有很多时间节点的工程进度元素类 IFCWorkScheduleElement 实现的，将其与 IFCWorkTask 类相关联就可以描述任意施工进度情况下的工程进度信息。通过 IFC 标准定义的模型构件均具有材料的属性定义类 IFCElement，子类型的所有类别有一个逆向的关系指向 IFCRelAssociatesMaterial，这个关系可将材料属性与施工进度关联。此外，IFCResource 类可以描述工程项目用到的资源，IFCRelsequence 类可以描述工作任务之间的逻辑关系，IFCRelationship 类以及它的子类别能在所有类与具体建筑模型构件之间建立关联关系。这样不仅能够描述每项任务的所有进度信息，而且还能建立起模型属性与具体构建的链接关系，进而完整地描述进度计划。

2. BIM 进度管理软件

BIM 技术在进度管理中落地需要诸多 BIM 软件的协同配合，目前尚无一个可以贯通设计、施工、运维阶段的超级 BIM 软件。首先，建设项目中包含的任务类型多、复杂程度高，BIM 在项目全生命周期有几十甚至上百项的应用点，仅靠一个软件难以胜任，即便存在一个横跨各阶段的超级软件，它的专业应用水平也会很低。其次，当软件为一类用户角色开发时，用户体验可以做到最好；当为较多用户角色开发时，软件将变得非常复杂、烦琐，难学难用，且更新升级慢。

基于 BIM 的进度管理以建模软件、进度管理软件作为技术支持。国内主流建模软件包括 Revit、鲁班、广联达、Tekla 等；进度管理软件包括鲁班 MC、广联达 BIM5D、Navisworks 等。其中 Revit、Tekla 均为国外引进软件，其建立钢筋模型的能力相对较弱，因为国外工程并不依靠建立模型来统计钢筋工程量，而是使用混凝土体积乘以一个系数求得；Revit、Tekla 软件中均没有直接划分施工段的命令选项，虽然可以使用属性信息或选择集将构件划分成不同的施工段，但却不能形成规整的施工段分界线，在统计工程量时存在一定的偏差。进度管理软件主要有 P6、Microsoft Project、Navisworks、广联达斑马·梦龙等。

二、BIM 进度管理流程

基于 BIM 技术的进度管理的基本思想是建立一个三维模型，各单位或工程人员直接利用或编辑该模型生成与其管理目标相适应的视图模型，通过视图模型发现问题、交流问题、反馈和解决问题，并反馈到原始模型中优化和修改。即建立一个共享、动态、优化和循环的系统，其基本实现流程如图 5-9 所示。

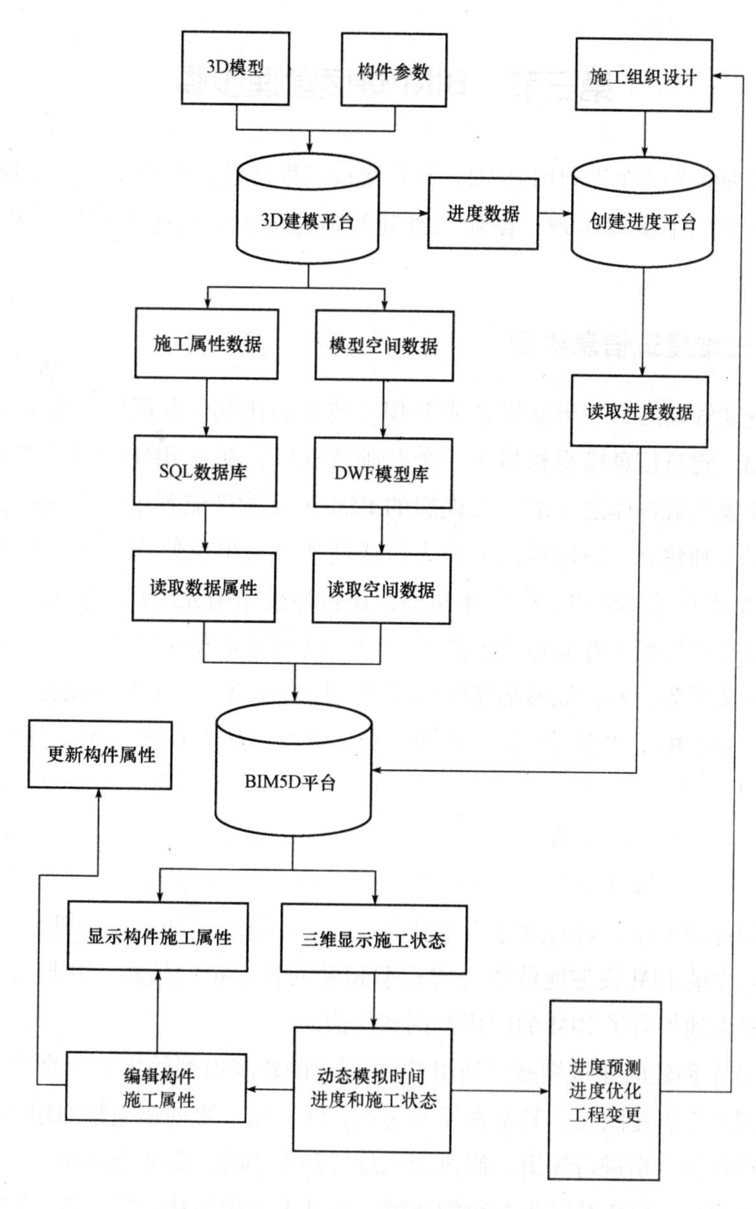

图 5-9　基于 BIM 技术的进度管理实现流程

从流程图可以看出，基于 BIM 的进度管理集成进度管理理论与 BIM 理念，为进度管理人员提供新的技术支持和数据支持。进度管理的基本思路是：建立基于 BIM 技术的 3D 建筑信息模型；然后，从模型提取进度数据、模型空间数据、构件施工数据等信息加以编辑并集中到 BIM5D 平台；在 BIM5D 平台中将进度信息与三维模型关联，赋予三维模型时间属性；然后进行进度模拟、施工模拟、进度预测、进度优化等，且进度优化的结果可以反馈回原始施工计划，更新 BIM5D 进度管理系统信息；当在 BIM5D 模拟过程中发现构件有问题时还可返回 3D 建模平台修改构件属性。如此从模型到视图到管理再到模型不断循环，使进度不断得到优化。

第三节　BIM 进度管理步骤

BIM 进度管理的关键在于利用 BIM5D 平台集成三维建筑信息模型和进度数据，形成 4D 模型。这可以分为三个步骤实现：创建三维建筑信息模型；创建进度计划数据；创建 4D 模型。

一、创建三维建筑信息模型

BIM 技术进度管理的第一步是建立基于 BIM 技术的建筑信息模型，这是 BIM 技术进度管理的核心基础。建筑信息模型相当于一个基础数据库，基于 BIM 的成本管理、进度管理都是建立在这个模型数据库之上的。在理想的 BIM 项目管理流程中，建筑信息模型在设计阶段由各专业工程师建立，以供后续工作人员或其他参与单位使用。基于 BIM 技术建立的 3D 建筑信息模型不只是简单的三维立体模型，还包括模型图元的属性信息，这些属性信息都是基于 IFC 数据结构模式存储在模型图元中的。模型图元属性信息主要分为创建、定位、几何表达和关联关系等，不仅能够描述图元自身的属性信息，也能描述图元与外界的关联信息，并可在不同专业模型和不同阶段传递和共享。例如，利用 BIM 建模软件之一 Revit 创建的 3D 建筑信息模型中，模型图元属性包括基本属性和扩展属性两大类。其中基本属性主要指几何属性、物理属性、功能属性等，是图元模型本身所具有的特征，不会随时间和外部环境的改变而变化；扩展属性主要指技术属性、经济属性、管理属性等，是建筑工程管理过程中所附加的与构件模型相关联的信息，与建筑工程所处的环境和项目管理所处的阶段相关。基于 IFC 标准建立的 BIM 模型能够整合与模型相关的各种拓展信息，并形成完整、统一的 BIM 模型，这极大地提高了 BIM 的应用范围和价值。

利用 BIM 技术创建的建筑模型与利用 CAD 创建的建筑模型的主要区别是：CAD 使用基于坐标的几何图形来创建图元，其基本元素为点、线、面；要创建完整的建筑模型，需要对建筑模型每个投影图分别进行编辑；修改图元位置和大小时，需要重新画图；各图元之间相对独立，没有关联性。BIM 是基于参数的建模，其基本元素是柱、梁、墙、门、窗等，不但具有几何属性，还同时具有物理和功能属性；要创建完整的建筑模型，一次性输入相关参数，与之相关的平面图、立面图、剖面图、三维视图及明细等自动生成；各构件图元之间具有关联性，当修改单个元素时，模型将确认需要更新的其他图元以及变更的方式；BIM 模型包含建筑模型的所有信息，能够生成二维图和三维图，能够生成工程量清单。

二、创建进度计划数据

施工进度计划是贯穿施工过程的主线，是对施工方法、施工方案、施工程序和施工顺序在时间维度上的具体规定，是 BIM 进度管理必不可少的环节和基础性工作。常用的进度计划编制软件有 Project、P6、广联达斑马 · 梦龙等。编制进度计划时应注意，如果进度计划需要定义到构件级，则要在建模软件中对模型进行细化，使 BIM 模型的详细程度与进度计划相对应。若 BIM 模型相对较细，则同一时间段内关联的模型构建数量较多，达不到进度模拟的目的；若进度计划相对较细，则会造成模型重复关联。

1. 利用广联达斑马 · 梦龙软件创建进度计划

广联达斑马 · 梦龙软件提供了强大的双代号网络计划图编辑能力，能直接导入 Project 工程文件并快速生成双代号网络计划图。新版本的广联达斑马 · 梦龙还推出了全新的楼层形象进度表现形式，使得楼层和任务直观对应，还可以用各种颜色标识完成状态和分包队伍，使得汇报进度一目了然、沟通方便。广联达斑马 · 梦龙软件创建计划的一般过程为：

（1）建立人力资源库和材料资源库，如图 5-10 所示。

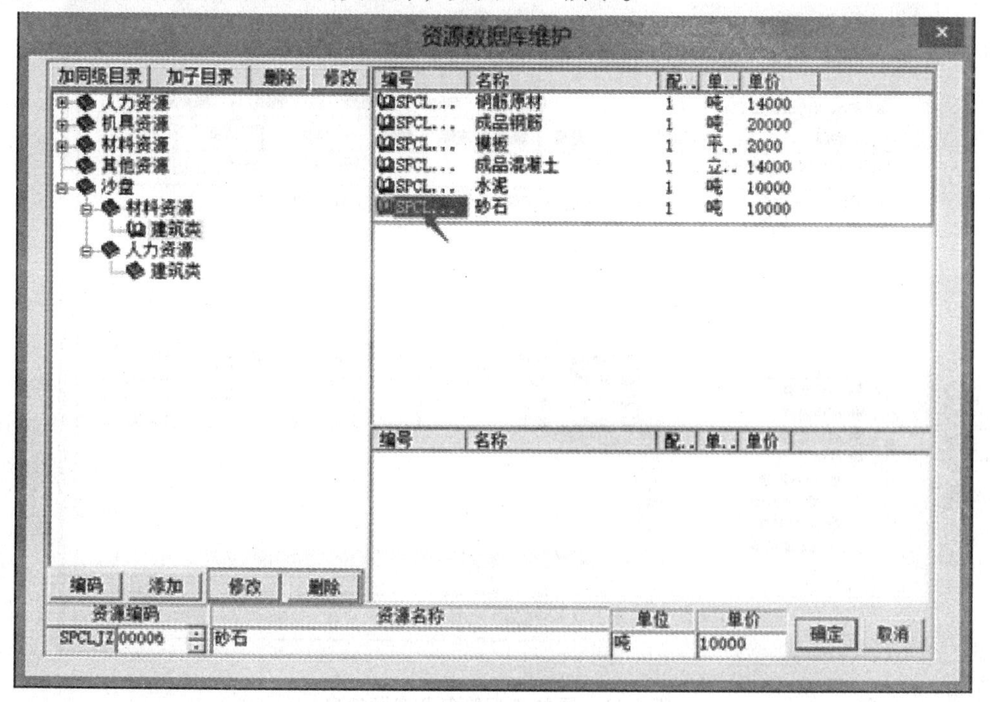

图 5-10　资源数据库

（2）按照任务之间的逻辑关系添加任务项，并在工作信息卡中填写工程名称、工程持续时间、工程量及任务项消耗的资源信息等，如图 5-11 所示。

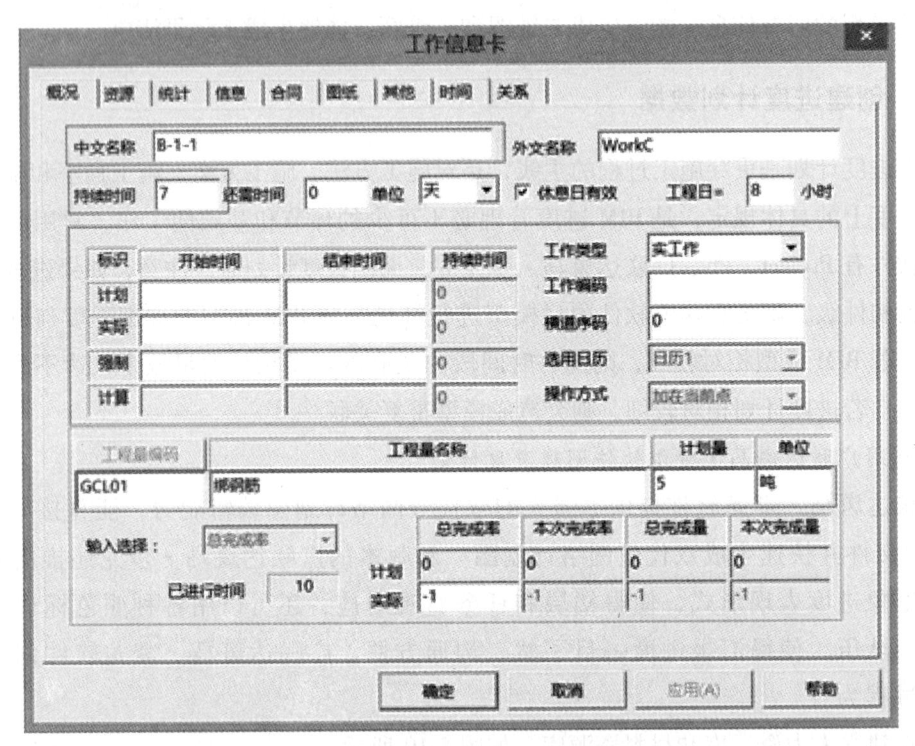

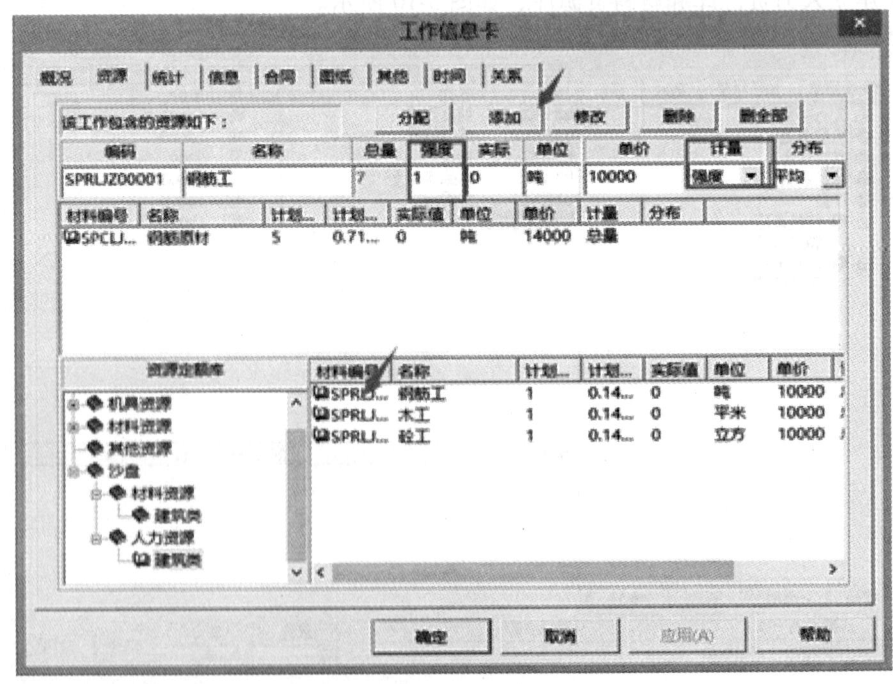

图 5-11　添加工程信息及资源信息

（3）绘制资源曲线。利用广联达斑马·梦龙绘制的进度计划如图 5-12 所示。

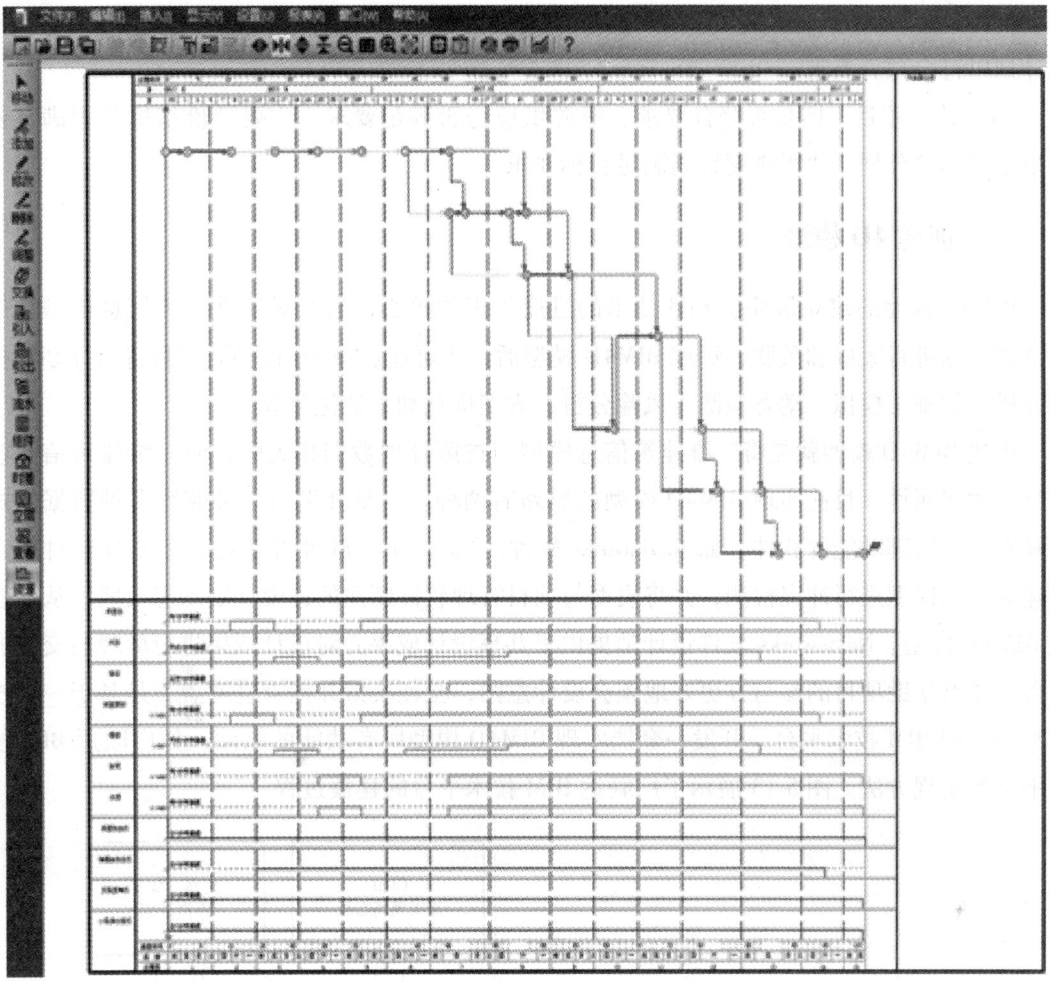

图 5-12　广联达斑马·梦龙绘制的进度计划图

2. 利用 Project 创建进度计划

Project 是以进度计划为主要功能的项目管理软件，它可以帮助项目管理者创建进度计划、为任务分配资源、跟踪进度、管理预算和分析工作量，实现时间、资源、成本的计划、控制，可以方便地生成甘特图、网络计划图。利用 Project 创建进度计划的步骤为：

（1）设置工程日历，如工作日、非工作日、项目日历、任务日历、资源日历等。

（2）开发任务列表，进行排序，并建立任务大纲。

（3）制订进度计划，并在软件中输入任务工期，确定任务之间的逻辑关系。此时可以得到项目进度计划大纲，并从软件中得知任务持续时间以及整个项目的持续时间。

（4）根据实际情况为任务分配资源。项目计划中有了任务和资源，需要把任务和资源匹配在一起，创建“分配”。将人、材、机等分配给任务后，Project 可以创建一个反映项目日历、任务工期、逻辑关系、分配资源的日历和可用性的项目进度表。

（5）输入单位资源成本和任务固定成本。此时，当任务被分配资源时，Project 可预测每个工作分配、资源、任务及整个项目的成本。若预测成本不能满足预算要求，可以调整项目计划以符合预算要求。

（6）结合项目工期是否符合要求、资源供应是否满足要求、主要评价指标是否满足要求来不断调整计划，使得进度计划满足目标要求。

三、创建 4D 模型

BIM4D 模型的建立是基于 BIM 技术的进度管理的核心，只有对三维建筑信息模型和进度计划数据进行集成和关联，形成 BIM4D 模型后，才可通过该 4D 模型对项目进行计划和控制分析，如施工模拟、动态检测、风险分析、方案优化和工期优化等。

创建 BIM4D 模型就是将三维建筑信息模型与进度计划数据相关联，使三维建筑信息模型具有时间属性。目前实现 BIM4D 模型的思路有两种。一是开发出一种兼容多种数据格式并具有进度管理功能的软件，如 Navisworks 软件。Navisworks 软件可以对基于 BIM 软件创建的建筑信息模型进行冲突检测，并将模型与项目管理软件创建的进度计划动态关联，从而建立 BIM4D 模型。Navisworks 软件设计师提供了共享设计成果并对设计成果进行解释与交流的平台，能够帮助项目的参与方更好地领会设计意图，验证决策并检查进度。二是基于一种技术平台，如 BIM 技术平台，开发一套能实现 BIM4D 模型所有功能的软件，如广联达 BIM 技术平台的实现方法。图 5-13 展示了广联达 BIM 技术平台的建模过程。

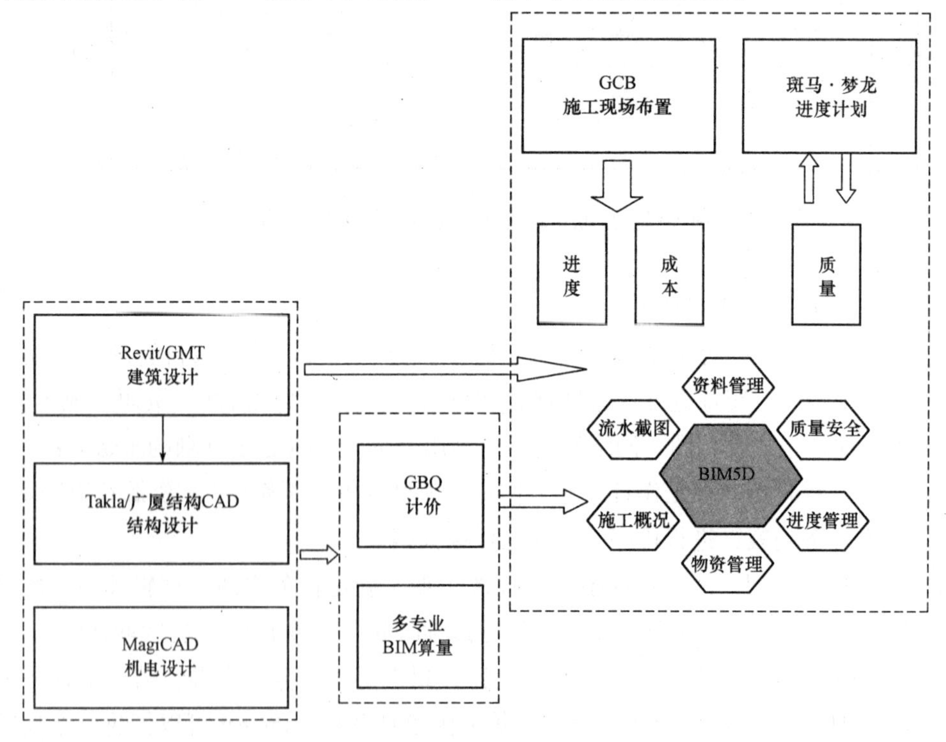

图 5-13　广联达 BIM 技术平台建模过程

利用 Revit/GMT、Takla/广厦结构 CAD、MagiCAD 等设计软件进行建筑设计、结构设计和机电设计，创建各专业模型；将模型导入广联达算量、计算软件计算项目工程量和成本；利用广联达斑马·梦龙软件创建进度计划模型；利用广联达施工现场布置软件创建施工现场三维布置图；最后在 BIM5D 软件中集成项目实体模型、进度计划数据、工程量、成本数据等，并整合施工中涉及的人力、机械设备、材料、成本、安全、质量等信息，构成 5D 模拟平台，然后从多个维度进行项目施工管理。在进度模拟时可以做到 WBS、资金计划曲线、三维模型的同步显示，并且可查看任意时间的施工进度、资金计划、材料计划等信息。

利用广联达 BIM 技术平台创建的 BIM4D 模型如图 5-14、图 5-15、图 5-16、图 5-17 所示。利用该模型可查施工进度，并就实际与计划进行对比；可查看人工、材料资源随时间的消耗趋势，并就实际消耗与计划消耗进行对比；可查看构件属性及工程量；可进行物资查询等。

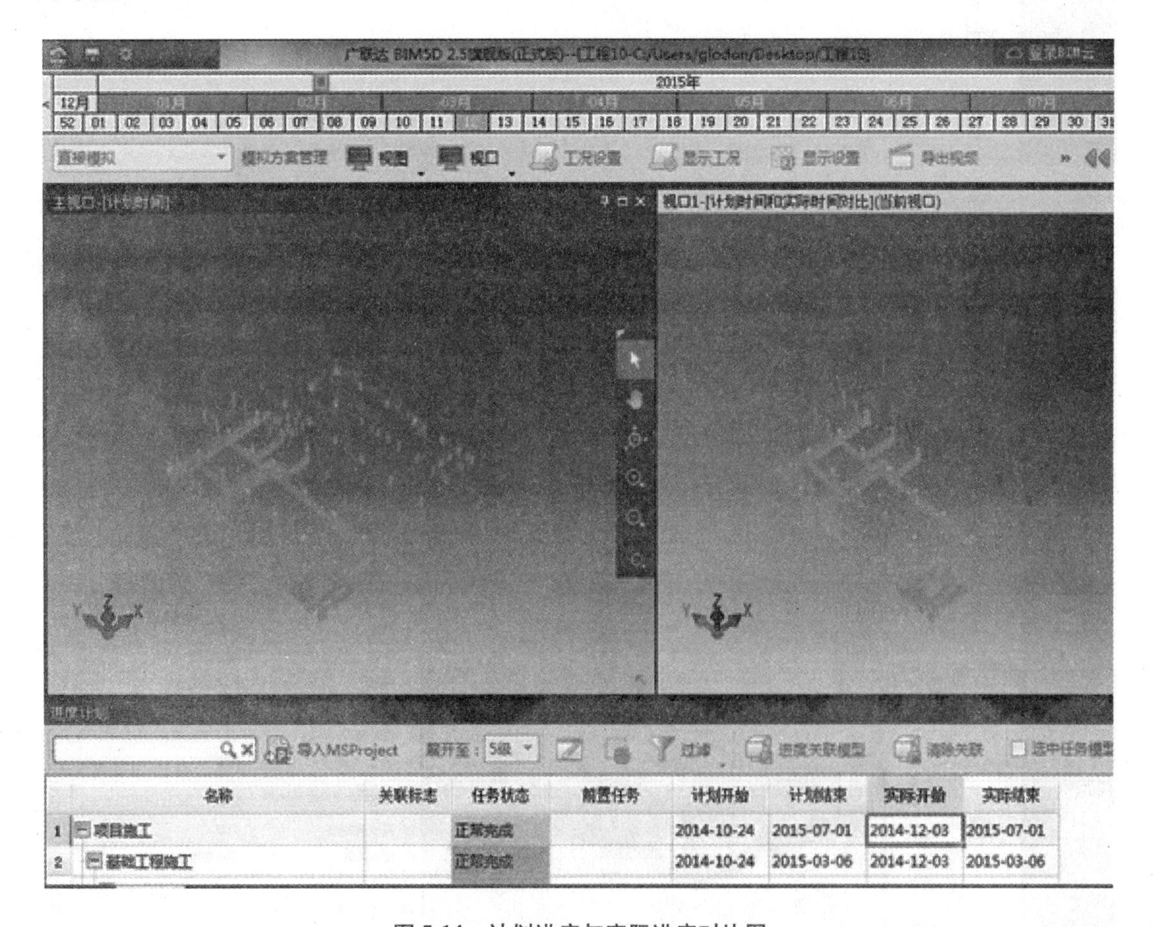

图 5-14　计划进度与实际进度对比图

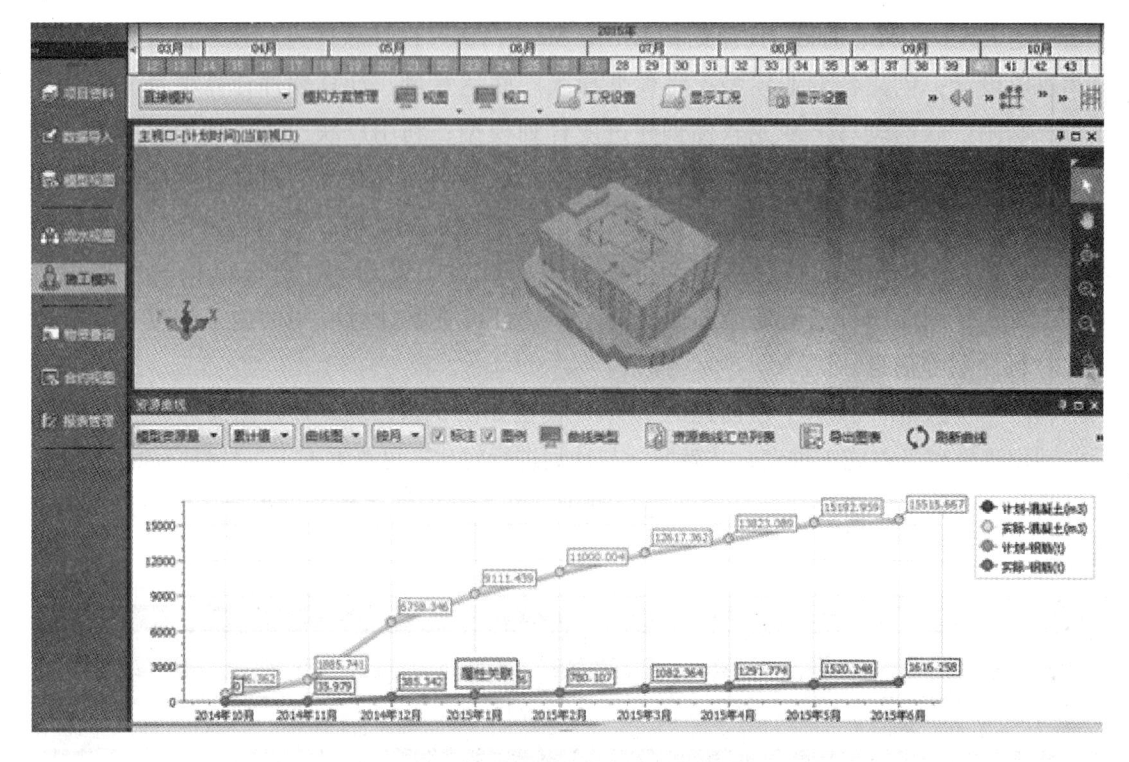

图 5-15　材料资源随时间消耗趋势图

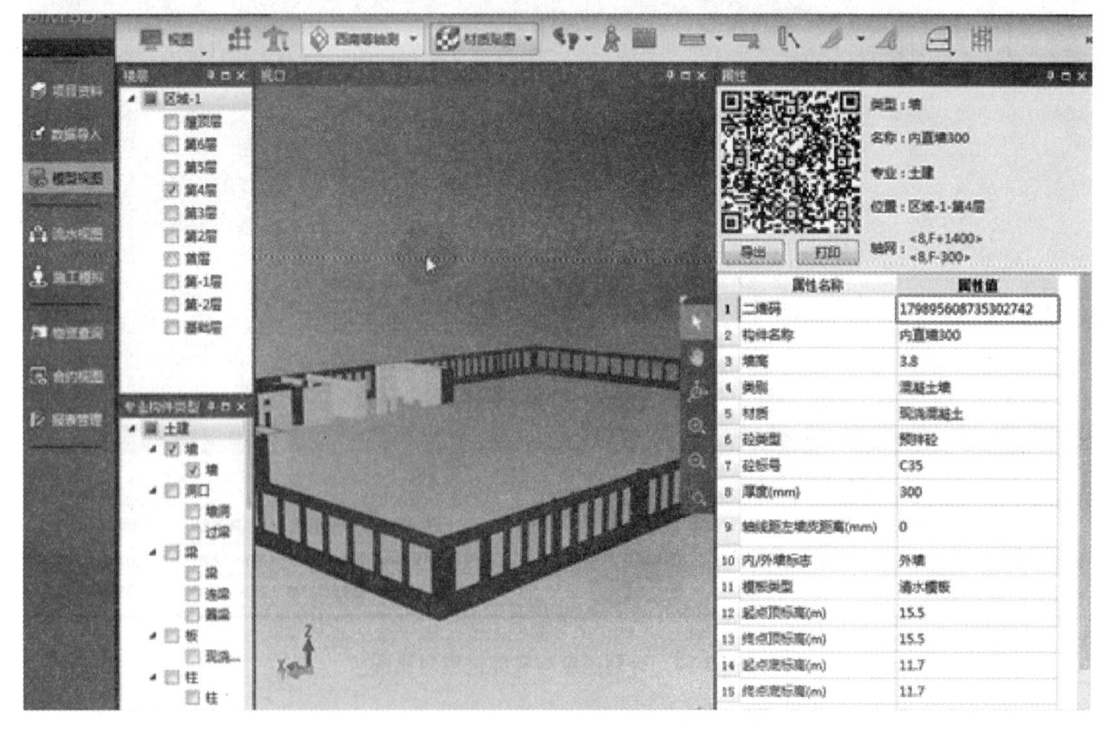

图 5-16　构件属性图

图 5-17 物资查询图

第四节 BIM 技术在进度管理中的应用

一、BIM 技术在进度计划中的应用

1. 估算工序工期

BIM 技术实现了工作分解结构、任务进度和模型三者之间的链接，工作分解结构的项目编码与工作任务一一对应，指定工序即可查询其对应模型的信息。因此，可以利用 BIM 模型提供的工程量信息，再套用施工定额来完成工序工期的估算。

2. 确定工序逻辑关系

BIM 技术可根据结构特征匹配施工规则初步确定工序间的逻辑关系，然后再进行人工选择和修正，完成进度计划的编制。

3. 均衡资源分配

利用 BIM 技术编制进度计划时，可在工序工作信息卡中添加资源信息，使得资源随工期与构件关联在一起，这样就可以生成资源报表分析资源分配情况，避免出现资源分配不均、资源使用出现高峰或者低谷的现象。还可制订资源使用计划，进而实现对项目的全面控制。

4. 帮助成本估算

因 BIM 模型中各项工序需要的资源量、资源单价与构件关联在一起，所以可利用 BIM 系统生成的资源与费用分析表、费用控制报表、成本挣值曲线等比较实际费用和预算费用，监控项目资金支出。

5. 进度计划的三维表达

基于 BIM 的进度计划最大的优点就是可用施工进度的三维可视化模拟，让所有参与人员快速了解工程信息。可在 BIM 平台中制作包含项目所有里程碑节点的视频文件，以较为直观、形象的方式向业主展示项目进展情况以及竣工后与周边环境的协调性。可以通过三维模拟及相关信息查看功能向一线施工人员展示设计意图，明了各项工作的施工工艺及施工顺序。

二、BIM 技术在进度控制中的应用

1. BIM 技术在进度信息采集中的应用

当前进度信息采集和施工监控主要靠人工方式进行，要了解施工进展情况，需要耗费大量的时间和费用，而且容易出错。BIM 技术可与物联网技术结合，通过引进自动化数据识别技术快捷、精准地收集数据，并迅速将相关信息传送到 BIM 系统进行整体分析，从而实时监控项目进展情况。

2. BIM 技术在进度计划分析中的应用

基于 BIM 技术的进度管理系统可以从不同层面提供多种方法全方位地分析项目进展情况。

（1）进度情况分析。进度情况分析有三种方法，即关键路径分析、里程碑控制点影响分析和进度模型对比分析。通过观察关键路径、里程碑计划并结合任务的实际完成时间，能够预测剩余的任务能否在规定的时间内完成；将采集的进度数据上传至 BIM 系统，以不同的颜色区别实际与计划进展情况，实现三维模型的对比，能够直观地看出存在的进度偏差。

（2）资源情况分析。项目进度计划能否顺利实施，在一定程度上取决于资源供应及分配情况，因此要综合考虑资源计划和获得每种资源的难易程度。基于 BIM 的进度管理体系可提供资源分析概况、资源分析明细表，分析在一段时间内资源的分配情况和使用情况。在施工过程中，管理人员根据系统提供的这些信息快速查看各专业工程量数据和成本信息，并以此为基础精确控制材料采购计划、进场计划，以保证资源和资金的利用效率最大化。

同时还可根据这些信息资源分析统计工程量实现限额领料。传统项目管理即使有健全的限额领料流程、手续等制度，但在配发材料时，由于审核时间有限及数据统计困难，审核人员无法在短时间内判断领料单上的每项数据是否合理，只能凭借主观经验和少量数据估算。利用基于 BIM 技术的项目管理平台，项目管理者能根据领料单上每项工作的名称，利用 BIM 系统快速拆分模型、汇总并输出所有工作的精确工程量，以实现限额领料。

（3）费用情况分析。进度与成本之间相互联系又相互制约，在施工过程中必须不断控制进度，使其与成本之间能够协调发展。基于 BIM 技术的进度管理平台能够生成费用明细表、费用多算对比表来评估当前成本和进度绩效的关系，也能以此预测未来的费用支出情况。

三、BIM 技术在进度精细化管理中的应用

长期以来，施工企业一直处于“粗放式”的管理状态，管理人员很难全面控制与项目相关的每一个环节，且管理人员依据经验做出的决策往往导致项目进度管理出现较多问题，阻碍进度管理效率的提升。BIM 技术的不断推广应用，为工程项目精细化管理创造了条件。

BIM 技术构建了标准化管理体系，对建设项目实行全员、全工序、全过程的管理，使所有项目管理要素都进入标准化、规范化管理的轨道，达到由经验管理转变到科学管理的目

的。BIM 技术可以不断细化总目标，依据总体计划制定每月、每周的工作任务，做到有的放矢的管理。利用 BIM 技术可清晰划分各部门在项目管理中的职责范围，将层层分解之后的目标落实到各具体负责人员，形成一个分工明确、职责分明的项目管理体系。BIM 技术的实时进度监控功能可及时了解各项任务的执行情况，以方便考核制度的执行。

本章小结

本章主要对 BIM 项目进度管理的相关内容进行了详细的介绍。初步介绍了项目进度管理中存在的主要问题；重点介绍了利用 BIM 技术进行进度管理的主要步骤以及 BIM 技术在进度管理中的具体应用。

思考题

1. BIM 进度管理的流程与传统进度管理流程的区别。
2. 基于 BIM 技术的进度信息描述方式。
3. BIM 技术在进度管理中有哪些应用？

第六章

BIM 项目成本管理

第一节 BIM 项目成本管理概述

建设工程施工阶段的成本管理一直是工程项目管理中一个十分重要的环节，而 BIM 的应用将成为提升建设工程施工阶段成本管理水平的强大助力。

一、传统项目成本管理存在的问题

传统的成本管理的方法是以对建筑实体的计量和计价为基础，在招投标阶段通过同类工程进行估计，造价工程师通过算量软件辅助计算工程量，运用造价软件结合市场和公司情况等要素编制投标书。中标后，承包商成立项目部并初步制订成本计划。施工阶段成本管理再跟随施工进度不断深入，此阶段实行“量价分离”的控制方法，量主要是针对资源消耗量和工程量的控制，价则注重采购与合同价格；随着工程进展对成本数据进行统计分析，主要是会计核算、业务核算和统计核算。通过核算得到成本基础数据，利用网络图对成本、工期、资源优化，通过数据实施成本动态管理。成本考核则在项目竣工结算后，根据成本目标完成情况对相关责任人实施奖惩。在传统的施工阶段，成本管理工作主要面临以下问题：

（1）管理方式具有一定的被动性。在传统的成本管理中，大多先完成项目设计，再进行成本控制，从而预算和结算的过程相距较远，这使整个成本管理过程是被动的、不连贯的，从而导致对成本的预算和控制有限，在结算时容易产生矛盾。

（2）传统的信息管理有限，实时性也不够强。在传统的成本管理中，许多信息的获取速度较慢，在成本管理中缺乏及时的数据依据，容易出现造价不准确等问题，特别是出现施工过程中设计变更等情况时，不能快速实时地修正数据，从而不利于对整体施工工程的成本管理和掌控。

二、BIM 项目成本管理的优势

相对于传统成本管理，BIM 项目成本管理有以下优势：

（1）提高工程量计算准确性，提升专业能力。基于构件实体自动化算量比传统计算方法更准确，能避免人为错误和因素的影响，可以参考历史经验数据辅助成本管理。这能为造价工程师节省更多的时间和精力，进而做好成本分析和控制工作；有利于提高成本管理人员的责任感和工作认真程度，并提高他们的专业技能。

（2）通过 BIM 模型的基础数据及可视化功能，辅助承包商提前发现设计矛盾，合理安排施工，优化资源配置，促进项目协调。施工时通过工程量和对应的时间信息可以获取任意施工阶段以及工序的工程量、资源需求和工程安排等信息，进而合理地计划、控制。及时发现同其他相关者在工作面和工作时间等方面的冲突，提早做好应对和协调方案。

（3）实时及动态管理。传统方法对于变更及影响很难实时体现和控制，通过 BIM 模型把设计变更意图关联到模型中，通过模型的调整能及时发现工程量成本等变化，利于各方研究最佳变更方案，实际变更发生后 BIM 模型输出变更信息，承包商实时做好工程签证和支付申请等工作，更好地应对变更和签证。

（4）不同维度多算对比。BIM 数据丰富，针对不同时间、工序及工程所处区域调整模型，通过成本数据的随时调用对整体和局部造价信息对比，实现估算、概算、预算及实际费用多算对比，反推成本偏差原因，做到成本动态控制。

（5）保证结算快速准确。结算的核对工作在施工阶段已实时完成，结算时避免各方扯皮，提高结算效率。基于责任与工作相对应的分解结构，考核相关责任人的成本指标完成情况。

（6）数据的积累和共享。通过 BIM 模型集成多专业成本信息，成本管理人员通过 BIM 平台，录入各自专业信息，问题与记录也以模型为基础在平台上进行沟通，减少重复建模以及沟通和确认问题所耗费的时间。工程的造价、资源指标等信息对后续项目的估算和审核有很大的价值，通过对同类项目数据和模型存储，有利于类似项目建设相关指标详细、准确地对比分析。

（7）基于总价管理向作业成本同作业资源的关联管理转变。BIM 的思想和软件促进流程同工作内容相结合，有利于明晰职责，提高全员参与的能力。

BIM 技术不仅是一种新的建筑储存、计算、分析工具，也代表了参与各方共同协作的理念，BIM 技术可以提高成本管理质量和效率，已经成为建筑领域发展的主要趋势之一。

第二节　BIM 项目成本管理应用

基于 BIM 技术的项目成本管理，是应用 BIM 技术建立信息模型，将成本信息同实体项目管理工作相关联，通过 BIM 应用点辅助承包商成本管理工作。BIM 应用是以 BIM 模型为基础，BIM 在成本管理中的应用点不同，模型也就不同。

一、BIM 技术在施工前成本管理阶段的应用

BIM 技术在施工前成本管理阶段的应用主要有以下几个方面：

1. 成本预测

利用 BIM 技术可以根据前期图纸完成初始模型，由于 BIM 三维算量的全自动化大大提高了算量的效率，使得项目管理人员在项目施工前就可以根据初始模型估计出人工、材料、机械的各自用量。应用 BIM 管理的工程，几乎所有工程数据都可以以电子形式保存在 BIM 模型中，在以后类似工程的成本预测过程中需要用到这些数据时，就可以很方便地对这些数据进行抽取和分析，从而提高类似工程成本预测的效率和准确性。

2. 辅助图纸会审

为切实降低成本，需要参建各方在全寿命周期每个阶段都要加强沟通交流，将成本管理的思想渗透其中。图纸会审就是其中一项很重要的活动，其目的在于找出需要解决的技术难题并拟定解决方案，审查出图纸中存在的问题及不合理情况并提交设计院处理，从而有效避免因设计缺陷而导致的后期成本增加。BIM 咨询单位在收到施工图设计文件后，对图纸进行全面细致的审查，其中的主要手段就是通过各专业的建模，发现其中存在的问题，并给出相关修改建议。在实际工作中，BIM 驻场代表的工作重点在于审查专业图纸之间有无矛盾，标注有无遗漏，建筑图与结构图的表示方法是否符合制图标准，预埋件是否表示清楚，有无钢筋明细表等。BIM 技术的应用大大增强了审核图纸能力，在图纸会审期间，BIM 驻场顾问将发现的问题归纳汇总，整理成为图纸会审记录。BIM 技术能助力做好图纸会审工作，通过图纸问题梳理可以发现 70% 以上的图纸未标注或图纸标注矛盾点，也可以发现大部分设计不规范的地方，使之尽早得到处理，从而提高施工质量，节约施工成本。

二、BIM 技术在施工中成本管理阶段的应用

BIM 技术在施工中成本管理阶段的应用主要有以下几个方面：

1. 可视化管理

BIM 技术能够为使用者提供良好的三维数据模型，同时可以进行模拟施工，这样在三维立体实物前进行管理，极大地方便了建筑施工的管理。在可视化管理的基础上还可以进行全过程的反馈和互动，这样进一步促进了建筑工程施工的管理和沟通。

2. 碰撞检查

基于 BIM 技术的设计过程可以利用系统和软件进行碰撞检查，系统整合所有专业，将土建、安装等专业集成在一个平台，通过软件内置的逻辑关系自动查找出设计不合理的地方。利用 BIM 技术强大的碰撞检查功能，可以实时跟进设计，第一时间反映出问题，第一时间解决问题，有效规避项目后期可能出现的潜在问题，起到对设计优化的作用，提高图纸质量，从而达到保障施工周期、节约成本的目的。

3. 调整设计变更

工程变更的实质是甲乙双方合同条件与履约方式的改变，可由甲乙双方提出，包括合同工作的增、减及取消；施工工艺、顺序和时间的改变；设计图纸的修改和施工条件的

改变；招标工程量清单的错、漏引起合同条件的改变或工程量的增减。传统工程变更，承包商主要是在建设单位准许后调整施工并调整相应的工程量和工程价款，并且由于计算方式的限制多是延至竣工后结算。大量的工程变更会影响正常的施工安排和资金资源计划，传统变更控制较为被动。BIM 工程变更能够通过模型模拟变更项目，实时分析变更的效果及其对项目管理要素的影响，并及时主动做好相应的计量计价工作。在施工过程中，一旦设计人员提出设计优化、变更及其他突发情况，可通过 BIM 及时对工程量进行动态调整，将工程建设期间的所有造价数据资料存储于 BIM 系统中，并保持动态更新，且能保证所有端口的数据关联在一起，工程造价管理人员可通过 BIM 及时、准确地筛选、选用相关数据。

4. 内部多算对比

应用 BIM 技术可以从时间、工序、空间等维度进行多算对比，这对及时发现成本管理过程中的问题并解决问题至关重要。在传统的成本管理过程中，靠造价人员的人工计算很难完成从三个维度对成本进行分析所需要的工程量的统计和计算的工作量。BIM 管理平台对 BIM 模型中的各个构件赋予了时间、工序、造价等信息，借助 BIM 强大的计算功能，成本管理人员可以在最短的时间内花费最少的精力来对工程成本进行任意的拆分、统计和分析，轻松实现不同维度的多算对比。

三、BIM 技术在竣工结算成本管理阶段的应用

工程造价在竣工结算阶段的主要工作是确定项目实际造价，即计算竣工的结算与决算价格，编写竣工决算文件，移交项目资产。传统模式下，以二维图纸的工程结算工作极其烦琐，如工程量核对工作，建设方与承包方的造价工程师需依各自的“工程量计算书”逐一地进行核对，面对出入较大的部分，则需依各个轴线、计算公式核实工程量的计算过程，加之计算书格式也存有差异，更加大了核查难度，因此常常发生资料缺少或丢失等问题。BIM 模型所具有的参数化特质，让每个建筑构件既具有几何属性，又具有物理属性，例如“空间关系、工程量数据、地理信息、成本信息、材料详细清单信息、建筑元素信息、项目进度信息”等。BIM 模型数据库随着设计与施工等阶段的进展而不断地完善，“设计变更与现场签证”等信息的持续更新及录入，在竣工移交时，其信息量已然能呈现竣工工程实体。在竣工移交上，BIM 模型确保了结算的高效，降低了双方扯皮发生率，加快了结算速度，并且其也是双方节约成本的手段之一。

第三节　BIM 技术在协信·城立方一期一标段项目成本管理中的应用

协信·城立方一期一标段项目位于重庆市沙坪坝区大学城，为商品住宅楼，共有两层地下车库和四栋高层，高层楼栋号分别为 1#、2#、5#、6#。本工程项目之所以应用 BIM 技术，一方面，是由于建筑企业一直寻求集约化、精细化的成本管理技术支持，而 BIM 技术在成

本管理方面具有明显的应用价值；另一方面，是因为本项目是一个典型的试点，旨在建立完整的 BIM 应用流程，培养 BIM 团队，为项目获得更为显著的社会效益和经济效益打下基础。现以 5#楼为例，进一步阐释 BIM 技术在成本管理中的应用。5#楼为商品住宅楼，地上 26 层，建筑面积 16 346.88 m^2，建筑高度 84.3 m。

一、施工前成本管理阶段

1. 统一 BIM 缺省设置和构件命名

缺省设置，可以理解为“默认设置”，即系统默认状态，BIM 技术标准中的“缺省设置”指的就是基于本工程项目特点，对各 BIM 软件参数预先进行统一设置，以节约时间，减少错误，见表 6-1。

表 6-1　统一 BIM 缺省设置

楼层设置要求	楼层和标高按图纸要求设定
室内外高差	室内外高差 450
结构抗震等级	二级

构件命名 BIM 技术信息繁杂，统一构件命名可以为后期构件信息的录入、提取、更新提供统一标准，本工程构件命名统一见表 6-2。

表 6-2　统一 BIM 构件命名

构件大类	构件小类	构件名称	案例	备注
柱	框架柱	KZ 截面尺寸 a＊b	KZ1，KZ 500＊500	
	梯柱	TZ 截面尺寸 a＊b	TZ 200＊400	
梁	主梁	KL 截面尺寸 a＊b	KL1，KL 200＊500	
	次梁	L 截面尺寸 a＊b	L1，L 200＊500	
	基础梁	JL 截面尺寸 a＊b	JL1，JL 250＊600	
……	—	—	—	—

2. 创建 BIM 模型

本工程项目工期紧、初期施工图样不完善。BIM 驻场代表在与本工程项目签订咨询服务合同之后，就开始利用初始的图样，创建整个项目的土建、钢筋等专业的 BIM 模型。但由于大量图样疑问未落实、工程基础数据不完整，本次建模只初步反映了图样内容，对于不确定的问题做好记录，及时与设计单位沟通交流，等待图样更新，再不断深化模型。BIM 模型如图 6-1 所示。

图 6-1 BIM 模型

3. 辅助图纸会审

为切实降低成本，需要参建各方在全寿命周期每个阶段都要加强沟通交流，将成本管理的思想渗透其中。图纸会审就是其中一项很重要的活动。BIM 技术的应用大大增强了图纸审核能力，此项目中，取得了良好的应用效益。在图纸会审期间，BIM 驻场顾问将发现的问题归纳汇总，整理成为图纸会审记录，统计发现土建问题 12 处，钢筋问题 28 处。具体见表 6-3。

表 6-3 图纸会审部分问题

序号	问题类型	内容	答复
1	钢筋问题	±0.000 米以下墙肢平面布置图、±0.000～3.000 米墙肢平面布置图中 a/1 轴处 GDZ1 a 平面标注尺寸与大样图不符，是否以平面图为准？	调整后出图
2		三层梁配筋图中 10/a～g 轴、28/a～g 轴梁无截面配筋？其余各栋相同？	配筋为 L15 a 200×500 ϕ8@200 上部筋 2ϕ14 下部筋 2ϕ16 N4—12。其余各楼栋相应部位相同。
……		—	—
1	土建问题	建筑一层平面图中 7～8 轴/A～C 轴建筑与结构平面不符，7～8 轴/A～C 轴是否增设结构板？	7～8 轴/A～C 对应建筑增设结构板，配筋为 ϕ8@100 双层双向。
2		±0.000 m 以上外立面剪力墙截面变化，有向内收阶变化截面情况，是否调整？	以结构施工图为准
……		—	—

二、施工中成本管理阶段

1. 三维可视化交底（以钢筋为例）

在绑钢筋前，BIM 驻场顾问采用了将三维模型投放于大屏幕和出具钢筋节点详图相结合的交底方式，如图 6-2 所示。通过多角度全方位对模型的查看，增加施工人员的三维立体感，为加工制作和现场钢筋的具体定位、绑扎钢筋提供依据，使交底过程效率更高，也更便于工人理解，从而达到减少钢材浪费、节约成本、确保工程质量的目的。

图 6-2　钢筋节点详图

不仅如此，BIM 技术将模型集成、汇总生成钢筋配料单，钢筋下料对于绑扎安装钢筋的人员来说至关重要，如果没有配料单，安装钢筋就必须由专业的钢筋识图技术员来指挥绑扎钢筋，而有了骨架图，普通钢筋工拿着骨架图就知道钢筋怎么绑扎，让钢筋绑扎变得简单起来。可视化交底之后，通过 BIM 出具配料单，如图 6-3 所示，各部位钢筋尺寸、轴线位置、钢筋详图一目了然，减少下料人员的误解。还应制作钢筋明示栏，将所做部位或楼层的三维图张贴在明示栏内，并将复杂节点放置其中。这样，无论是下料人员还是前台绑扎人员都能明了自己所施工部位的规范造型。

基础层
默认流水段
柱
KZ-2[2]
KZ-2[5]
KZ-2[1]
KZZ1[3]
KZZ2[1]
KZZ2[2]
KZZ5[1]
独立基础
桩承台

	筋号	规格	图号	钢筋图例	下料长度	根数	总根数	钢筋归类	[illegible]	接头数	接头总数	搭接类型	丝扣类型	重量	
0	图元位置：<1-1*200, 1*125>														
1	1	Φ18	1	580	580	2	2	柱垂直筋		2	2	电渣压力焊	无	2.32	角筋 1
2	2	Φ18	1	480	480	2	2	柱垂直筋		2	2	电渣压力焊	无	1.92	角筋 2
3	3	Φ20	1	580	580	4	4	柱垂直筋		4	4	电渣压力焊	无	5.73	纵筋 1
4	4	Φ20	1	480	480	4	4	柱垂直筋		4	4	电渣压力焊	无	4.742	纵筋 2
5	5	Φ20	637	150 1100	1250	4	4	柱插筋		0	0	电渣压力焊	无	12.35	插筋 1
6	6	Φ20	637	150 1000	1150	4	4	柱插筋		0	0	电渣压力焊	无	11.362	插筋 2
7	7	Φ18	637	150 1000	1150	2	2	柱插筋		0	0	电渣压力焊	无	4.6	角筋插筋
8	8	Φ18	637	150 1100	1250	2	2	柱插筋		0	0	电渣压力焊	无	5	角筋插筋
9	9	Φ8	195	560 560	2320	7	7	箍筋		0	0	绑扎	无	6.415	箍筋 1
10	10	Φ8	195	560 210	1620	10	10	箍筋		0	0	绑扎	无	6.399	箍筋 2

图 6-3　BIM 出具配料单

2. 碰撞检查（此部分案例引用自伟峰项目）

在施工前利用 BIM 技术进行碰撞检查就是要提前查找和报告在工程、项目中不同部分之间的冲突，以防后期的变更与返工，这是解决建筑业资源浪费、建立建筑业先进成本管理体系的有效方法，对于进一步实现施工过程成本管理的精细化尤为重要。BIM 技术可以将建筑工程所有专业（土建、给水、排水、电力、采暖、通风、空调、消防、电讯）放在同一模型中，快捷生成碰撞检查报告。应用 BIM 技术出具的部分碰撞检测报告见表 6-4。

表 6-4　应用 BIM 技术出具的部分碰撞检测报告

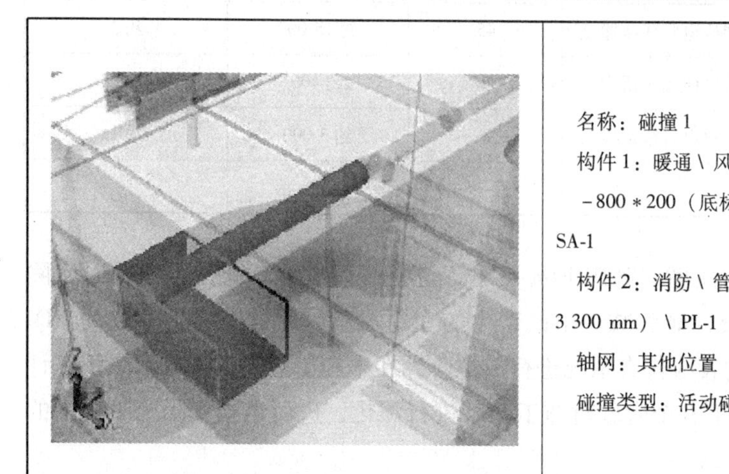	名称：碰撞 1 构件 1：暖通 \ 风管 \ 送风管 \ 送风管 －800 ＊200（底标高＝2 940 mm，顶标高＝3 250 mm）\ SA-1 构件 2：消防 \ 管网 \ 喷淋管 \ 镀锌钢管－DN80（H＝3 300 mm）\ PL-1 轴网：其他位置 碰撞类型：活动碰撞
	名称：碰撞 2 构件 1：暖通 \ 风管 \ 送风管 \ 送风管－800 ＊320（底标高＝2 940 mm，顶标高＝3 260 mm）\ SA-1 构件 2：暖通 \ 风管 \ 排风管 \ 排风管－800 ＊320（底标高＝2 640 mm，顶标高＝2 860 mm）\ SA-1 轴网：其他位置 碰撞类型：活动碰撞
……	—

一般来说，施工阶段的碰撞分为两类，第一类是实体与实体之间的交叉碰撞，这种碰撞类型极为常见，发生在结构梁、空调管道和给排水管道三者之间；第二类是实体间实际并没有碰撞，但间距和空间无法满足施工要求，该类型碰撞检测主要出于安全、施工便利等方面的考虑，相同专业之间有最小间距要求，不同专业之间也需设定最小间距要求，同时还需检

查管道设备是否遮挡墙上安装的插座、开关等。

本工程项目的主体部分经统计共发现碰撞点 156 个，其中墙体预留 32 个，机电管线碰撞点 162 个。单此一项，BIM 技术成本管理的应用效果就十分明显，见表 6-5。通过简单测算，如果不将这些碰撞点在施工前消除，可能会造成 30 天左右的工期延误，及 20 万元的成本损失。

表 6-5　本工程碰撞检查效益分析（部分）

序号	施工阶段	问题类型	数量/处	材料节约/元	人工节约/工日
1	首层主体	首层机电管线碰撞点	45	约 15 000	约 2
2	首层主体	首层砖墙预留洞	2	约 400	约 0.5
3	二层主体	二层机电管线碰撞点	8	约 3 000	约 1
……	—	—	—	—	—

另外，针对管线之间发生的碰撞，利用 BIM 技术，进行管线综合优化，可以及时排除施工环节中可能遇到的管线冲突，显著减少由此产生的变更成本。通过搭建各专业的 BIM 模型，对安装工程施工完成后的管线排布情况进行模拟，即在未施工前先根据施工图纸在计算机上进行“预装配”。通过以下五个阶段对施工图纸进行深化，进而达到实际施工图纸的深化，深化设计前后对比见表 6-6。

表 6-6　深化设计前后对比

序号	位置	原模型	管线综合后	排布方案
1	1/1-6 * 1-7 交 1-H * 1-G 轴碰撞点			本层过道管道较多，将管道排布在同一层，支管向上翻分支，风管排布在管道下面。最低点标高：3 000 mm
2	1-7 * 1/1-7 交 1-L * 1-K 轴过道碰撞点			本层过道管道较多，将管道和桥架排布在同一层，风管排布在管道下面。最低点高度：2 600 mm
……	—	—	—	—

第一阶段：机电工程中暖通、给排水、电气、建筑智能化等专业的管线模型审核；

第二阶段：提交并汇总模型；

第三阶段：BIM 技术自动碰撞检查并出具碰撞检查报告；

第四阶段：根据碰撞检查报告，结合原有设计图纸的管线规格和走向，利用三维模型可在任意位置剖切观察的优势，对该处管线进行综合优化；

第五阶段：重复以上工作，直到无碰撞为止。

在本工程砌筑施工过程中，二次结构预留洞的应用已经成为常态，主要分为门窗预留洞口和管线预留洞口。

（1）门窗预留洞 BIM 技术的应用。在门窗预留洞口方面，BIM 驻场顾问将门窗洞口预留信息布置在土建模型中，综合考虑构造柱、圈梁、过梁的设置方案是否合理、是否方便施工，同时给出墙体的剖面图，用于指导现场砌筑预留定位，从而实现成本的节约。

建模时门窗的标高和洞口都是按图纸直接布置，但是这不符合现场施工要求。图纸给的门窗标高是建筑标高，而建模时使用结构标高，所以布置门时要考虑建筑与结构的标高差，换算成结构标高布置。调整好后将剖面图张贴在砌筑墙体附近。这样做的好处有两点：一是剖面图形象易懂，工人在砌筑时可以核对洞口预留的正确与否；二是方便质检人员检查核对砌筑情况。

针对复杂部位的二次结构，比如圈梁，它的设置要通长，但是在施工中遇到圈梁高度位置有预留洞口，同时此洞口又无法调高时，就需要对此部位的圈梁设置做调整，利用 BIM 技术可以模拟二次结构设置，生成较好的解决方案，实际工作中的每层砌筑施工，都是先根据门窗做出预留洞，而后在土建模型中给出剖面图来指导洞口的预留。

（2）管线预留洞口 BIM 技术的应用。为了能够充分发挥管线综合模型的价值，实际操作中将安装综合模型和土建结合使用，找出管线预留洞口位置的信息，在施工中预留出来。预留洞方案形成过程：

第一步：结合管线综合模型，计算每个需要预留洞的大小和标高；

第二步：在土建模型布置洞口，并用名称区分好电气、暖通、水的预留洞；

（前两步注意事项：安装模型的中心标高和底标高；安装模型是建筑标高，土建中布置洞口按结构标高，注意换算；洞口大小是全专业管道大小，非单专业。）

第三步：布置好洞口，将土建模型导入管线综合模型进行检查，查看洞口大小、标高是否符合要求以及是否有遗漏，这样反复检查，直到确定洞口都符合要求；

第四步：在土建模型中输出平面图，此处只打开轴网和洞口构件（其他构件隐藏）输出平面图；

第五步：对洞口进行标注，标注内容有名称、截面尺寸和标高三个主要信息；

第六步：将标注内容中的标高从结构标高换算成建筑标高（此步骤不可忽略）；

第七步：将平面图中的洞口和标注图层复制到建筑图中即得二次结构施工图，在复制前可将图层进行调整。

预留套管洞口数据对比见表 6-7。

表 6-7　预留套管洞口数据对比（部分）

BIM 软件预留					实际图纸预留			
编号	类型	规格	标高（mm）	个数	类型	规格	标高（m）	个数
1	消防	D3 = 219	2 800	5	预埋 A 型刚性防水套管	D3 = 219	2.75	1
2	消防	D3 = 159	2 750	1	预埋 A 型刚性防水套管	D3 = 159	2.7	1
3	排水	D3 = 219	2 700	2	预埋 A 型刚性防水套管	D3 = 219	2.7	4
……	—	—	—	—	—	—	—	—

管线预留洞口的价值在于以下四方面：一是避免后期穿墙凿洞，节约了成本，提高了施工效率；二是可以完全按照管线综合模型施工，更加体现管线综合的利用价值；三是墙体更加完整美观，再加上超过固定尺寸的预留洞设有过梁，比临时凿洞结构更加安全；四是避免凿洞后补洞，污染管线。

实际工作中为了尽量减少后期开洞，将直径在 200 mm 以上的管道都做出了预留洞，即现场预留的最小洞口是 200 mm * 200 mm。利用 BIM 技术还可以通过动态三维模型旋转来查看详细节点位置信息。

3. 设计变更调整

建造施工过程中，需根据工程变更，对 BIM 模型进行维护和调整，保证模型能够准确反映现场实际施工情况，进而对成本进行精确管理。设计变更调整也是 BIM 技术在施工阶段的重要应用点之一。例如，20140627002 号设计变更告知：为满足实际需求，首层①轴右侧与 D 轴交汇处，增加 200 厚内墙，未施工楼层按原设计砌筑。BIM 技术顾问接到《设计变更告知》后，首先与现场技术人员沟通，然后对照变更图样，从轴网、柱、墙、梁、板、门窗、装饰、零星等部分将变更部分绘制到 BIM 模型上，并快速计算变化的工程量，如图 6-4 所示。

砌筑工程：0.2［墙厚］×3［墙高］×14.3［墙长］－1.82［构造柱］－1.01［梁］－0.15［过梁］－0.13［窗台］－1.15［门］－2.26［窗］=2.06（m^3）

内墙装饰（普通乳胶漆）：14.3［长度］×3［高度］+4.22［梁侧面］+0.07×6.8［门窗侧壁］－2.86［梁（凸出墙面 >2 cm）］－3.15［构造柱（凸出墙面 >2 cm）］－0.532［现浇板］－3.46［窗］－0.563［踢脚］=37.03（m^3）

利用 BIM 技术对设计变更进行调整的优势还在于能够自动生成各种图形和文档，各视

(a)　　(b)

图 6-4　变更前后对比

（a）变更前；（b）变更后

图始终与模型逻辑相关，当模型发生变化时，与之关联的图形和文档将自动更新，各方图纸信息版本完全一致，减少传递时间的损失和版本不一致导致的失误，最大限度地保障设计变更传递的准确性、高效性。

另外，需要特别指出的是，BIM 技术提供的项目数据全过程服务，并不是取代现场预算人员工作，而是把预算人员从最费时和费力的工程量计算、统计和分析的工作中解放出来，花更多的时间做签证、索赔、合同管理等高附加值的工作；同时，BIM 的数据服务也是一道保险，避免项目出现重大的错漏项，这样做好内部管理工作的同时，也可以为业主方获得更高的收益，真正做到开源节流。

4. 内部多算对比

内部多算对比有助于及时发现问题并纠偏，对于成本管理意义重大，其顺利进行的基础是工程数据的管理。我国成本管理模式对过程管理较为粗放，主要依靠人工拆分、汇总大量实物消耗量和成本数据，常常以预算代替成本的管控，甚至很多企业只关注项目一头一尾两个价格。BIM 模型集成了构件、时间、流水段、预计成本、实际成本等信息，可以实现任一时点上工程基础信息的快速获取，实现成本的动态管理。快速实现三维八算对比（指合同标价、项目承包预算、计划成本、实际成本、业主确认、结算造价、收款、支付等），对数据进行分析可以有效反映工程项目消耗量有无超标等问题。本工程通过现场提供的实际混凝土用量与应用 BIM 技术的计算量进行对比分析，见表 6-8，截至第三层共计节省6.3 m^3 混凝土，节省 3.3%，成本控制较好。

表 6-8 实际混凝土用量与应用 BIM 技术的计算量对比

楼层	构件	砼标号	广联达量	现场量	偏差值	偏差率	备注
基础层	垫层	C15	65. 8	64. 2	1. 6	2. 4%	
	基础	C40 p8	356. 7	348. 6	8. 1	2. 3%	
一层	整体	C40	268. 9	264. 2	4. 7	1. 7%	
二层	整体	C40	256. 5	268. 8	–12. 3	–4. 8%	
三层	整体	C35	252. 4	248. 2	4. 2	1. 7%	
	合计				6. 3	3. 3%	

第四节 竣工结算成本管理阶段

竣工结算成本管理阶段的主要内容是确定建设工程项目最终的实际造价，即竣工结算价格，这也是考核承包企业经济效益以及编制竣工决算的依据。由于在前期施工阶段存在着大量的设计变更及工程签证，成本数据经过无数次的变化，竣工结算成本管理阶段存在着资料不全、图样错误、信息丢失等难点，这也就是此阶段成本管理问题多发的主要原因。传统模式下，竣工结算成本管理阶段的工程量核对工作量大且烦琐，主要依靠手工或电子表格辅助，这对成本管理人员来说是一项严峻的考验，而且效率低、费时多、数据修改不便。BIM 模型具有参数化的特点，保证能够把相关的几何信息、物理信息以及施工过程中出现的设计变更、现场签证、计量支付、材料管理等及时录入 BIM 模型，其信息量完全可以表达竣工工程实体，比如在 BIM 中可以按楼层、按构件、分钢筋型号提取工程量，如图 6-5 所示。基于 BIM 技术的结算管理不但能提高工程量计算的效率和准确性，而且对于结算资料的完备性和规范性也具有很大的作用。

楼层名称	构件类型	钢筋总重kg		HRB335		HRB400								冷轧带肋钢筋
			12	12	14	8	10	12	14	16	18	20	22	7
首层(0)	墙	3950.608												
	暗柱\端柱	9152.722				4702.781			4449.941					
	暗梁	214.642			41.763			49.15	34.034	46.877				
	梁	19090.9		241.6		35.264		2877.133	592.265	3206.93	2638.637	4377.589	544.309	
	圈梁	1692.668						345.675	471.156					
	现浇板	9211.417				8680.342								515.117
	板洞加筋	63.043							63.043					
	楼梯	193.055					58.803	78						
	合计	46241.32	201.03	241.6	41.763	14253.932	58.803	3349.958	5639.395	3512.231	3004.787	4548.321	544.309	515.117
第2层(3)	柱	22.386							13.389					
	构造柱	1259.026												
	墙	3412.055												
	暗柱\端柱	8301.257				3912.573			4388.684					
	暗梁	544.149			43.213			120.637	147.205	113.382				
	梁	10833.48				546.179		1905.777	552.165	3013.547	1639.981	185.391	65.082	
	现浇板	4989.144				4395.773								563.653
	板洞加筋	63.043							63.043					
	楼梯	193.055					58.803	78						
	合计	29617.6	0	0	43.213	8854.525	58.803	2104.414	5164.486	3126.929	1639.981	185.391	65.082	563.653
	柱	16.506							9.759					

图 6-5 信息量表达

本章小结

本章主要对 BIM 技术在项目成本管理中的应用进行了详细的介绍。初步介绍了 BIM 技术在项目各阶段的主要应用。通过分析 BIM 技术在协信·城立方一期一标段项目成本管理中的应用，进一步了解了 BIM 技术在项目成本管理中的具体应用。

思考题

1. 相较于传统的项目成本管理，BIM 项目成本管理有哪些优势？
2. 应用 BIM 技术进行施工阶段成本管理，主要应用点有哪些？

第七章

BIM5D 管理

第一节　BIM5D 管理概述

BIM5D 技术是在三维建筑信息模型的基础上，集成时间和成本信息，成为五维建筑信息模型的新技术。BIM5D 模型承载着建筑工程 3D 几何模型和建筑实体的建造时间、成本，内容包括空间几何信息、WBS 节点信息、时间范围信息、合同预算信息、施工预算信息等。从而解决了 BIM 只关注几何属性和构件属性的不足之处，拓展了 BIM 信息模型的建模能力与应用。

三维可视化的数据模型集成了项目构件的几何、物理、空间和功能等信息，在此基础上添加时间维度可进行施工模拟，论证施工方案的可行性，但 BIM3D 和 BIM4D 技术侧重于模拟建筑项目施工过程的可施工性和各种改进方案的可行性，在实际的施工项目中，除了施工进度，施工成本、工程预算、资源用量以及合同等方面的管理是保证施工按期完成的必要条件。在 BIM4D 模型基础上关联成本信息，形成 5D 信息模型。以 BIM 模型为载体的 BIM5D 信息集成平台包括 5D 信息模型、进度信息、成本信息、质量信息和合同信息等，在此平台可实现施工过程的精细化资源动态管理。

成本管理是 BIM5D 技术在工程项目施工阶段最有价值的应用领域。BIM 技术融合了建设工程项目相关信息，以数字化形式来表示建筑物的实体和功能特性。基于三维建筑信息模型的 BIM4D 增加了时间维度，使得 3D 静态模型适用于动态研究，4D 模型可视化使得在施工阶段对进度、物资和机械等动态集成管理，它强调在建设期模拟方案的可行性，但是忽视了项目的成本管理。BIM5D 模型在 4D 模型的基础上增加了成本维度，集成工程量、进度和造价信息，同时可以将模型与实际施工情况进行关联，实现工程量动态查询，掌握实时的施工进度和成本情况。将土建模型、钢筋模型、安装模型和机电模型等各个专业的模型连同各自的属性信息一同导入 BIM5D 平台，以三维模型为载体集成进度、资源、清单等信息，形成 BIM5D 信息模型。在施工过程中，要实现对人、材、机等费用的动态管理，需要掌握大量的实时数据信息，BIM5D 信息模型为施工阶段成本动态管理和实时控制提供统一的模型，实现成本精细化管理和过程控制的最优。

进度管理是 BIM5D 技术的又一大革新。为了方便协同工作，实现流水作业施工，在 BIM5D 方案模拟模块中导入任务，分区划分流水段后与相应任务项关联，模拟分析进度计划的可行性。在整个操作过程中，可以直观地看到随着时间的变化工程项目的进展情况。BIM5D 技术应用在项目实施过程中也可以反映工程的实际完成情况，并与计划进度比较，检查进度是超前还是滞后，以指导后续工作的安排。

第二节　BIM5D 管理的应用

一、BIM5D 的创建与集成

3D 模型的几何表达只是 BIM 应用的一部分，而且不是所有的 3D 模型都能称为 BIM 模型。nD 模型即为建筑信息模型的延伸，用于满足用户对三维可视化等功能的拓展要求，如 4D 模型是在 3D 模型的基础上增加了时间维度，可进行进度模拟，5D 模型则可进行成本计算。5D 模型是由三维模型附加进度信息与成本信息集成而成。使用三维建模软件分别创建各专业模型，在 3D 模型的基础上与进度信息关联，形成 4D 建筑信息模型，以此实现构件可视化的施工模拟以及施工进度管理；通过导入计价文件，3D 模型与清单关联，实现项目的多算对比等。三维模型与进度信息和成本信息的关联是以模型构件为基础，以 WBS 分解为核心进行关联，从而实现施工项目的成本管理、进度管理和资源管理等。

二、BIM5D 模型的关联

三维模型集成进度文件和计价文件形成 5D 信息模型，三者之间的对应关系是根据项目的实际需求制定，创建关联关系，在 BIM5D 信息集成平台上根据特定的计划作业对象自动形成资源用量。

1. 3D 模型与进度计划的关联

对于 3D 模型，可根据项目大小、楼层、专业、施工段、构件类型对模型进行划分，以此作为项目 WBS 的依据。施工进度计划分为用于控制性的施工总进度计划和单位工程、分部分项工程施工计划，以及用于具体指导的年、季、月、周进度计划。编制的进度计划依据 WBS 的分解差异而不同，不同的编制人员编制的进度计划也是不同的。若项目采用混合班组施工，则可分解较粗；而如果采用专业班组（如瓦工组、木工组、钢筋组）分别落实责任制，则分解较细。通过对 3D 模型与工程项目的分解，可将工程项目进度分解到可与模型相关联的程度，如柱构件分解至模板安装、钢筋绑扎和混凝土浇筑三个工序，分别与 3D 模型中的土建模型、钢筋模型中的柱相关联。这种 4D 模型是以具有类型、材料、几何、工程量和其他属性信息的 3D 模型关联进度信息，形成的以项目构件为基础，以 WBS 为核心的信息模型，图 7-1 所示为 4D 模型集成的原理。附加了包含各施工任务的计划与实际开始与结束的时间信息的进度计划，通过 WBS 与 3D 模型关联，可模拟施工的整个流程，提取 WBS 节点下构件的工程量，对比任务的计划完成时间与实际完成时间，避免因工作面冲突等原因影响施工进度。

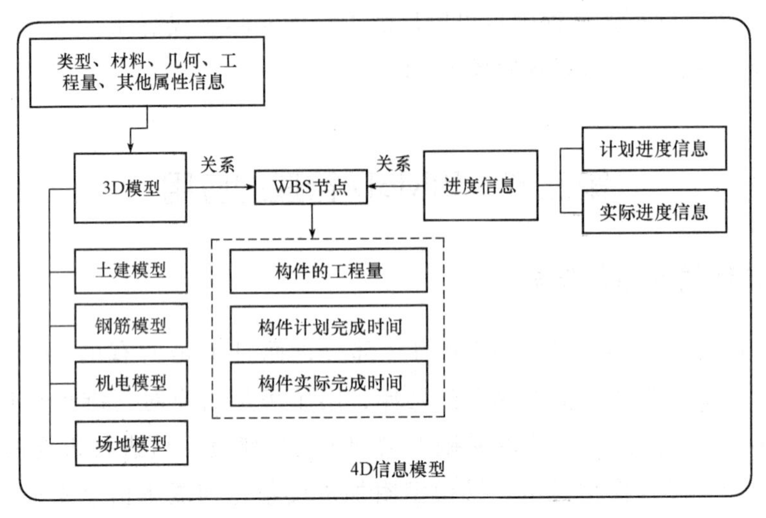

图 7-1　4D 模型集成的原理

2. 3D 模型与计价文件的关联

导入计价文件后，将清单计价文件与 3D 模型中的构件进行关联匹配，选择需套用的工程消耗量定额，定额中包含了该工作所需的人工、材料和机械工日（用量、台班）。完成 3D 模型与计价文件的三者关联后，根据 WBS 分解的内容可计算出每个工序的成本和资源用量，实现施工成本的跟踪对比，如图 7-2 所示。

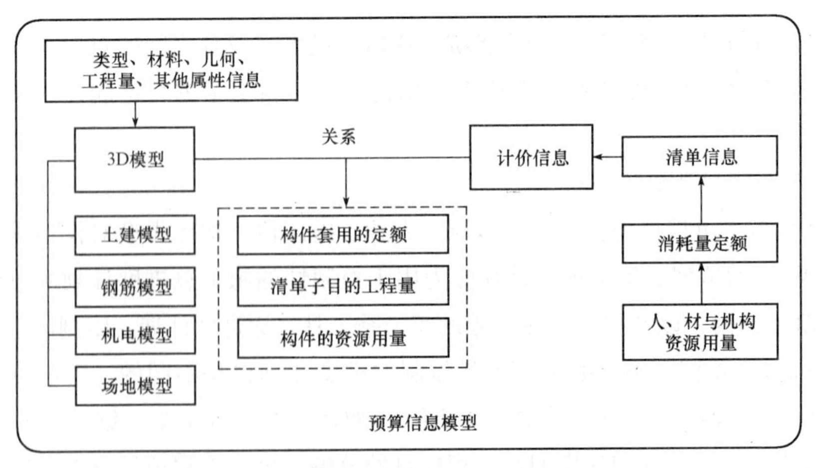

图 7-2　预算信息模型

3D 信息模型和各数据文件以 WBS 为核心，相互关联形成 5D 信息模型，再集合其他工程信息，在一个以 BIM 模型为载体的信息集成平台对施工项目的过程数据集成，通过 BIM 模型载体实时动态查询各个任务的工程量、进度和资源用量等信息，实现施工过程的动态管理。

三、BIM5D 的动态分析

以某办公大楼为例，在 BIM5D 信息集成平台集成三维信息模型、进度文件和计价文件，对施工过程中的资源管理进行动态控制，实现了施工过程中的施工工程量和资源的动态查询、成本的跟踪对比分析等。办公大楼为框架剪力墙结构体系，建筑总高度（室外地面至大屋面）为 38.1 m，共 12 层，地下 2 层（地下一层为架空层），地上 10 层，总建筑面积 62 761.03 m^2，建筑占地面积 9 946.4 m^2。本工程工期紧、专业工程队多、材料用量大，施工方在进度管理、成本管理和资源管理方面存在难点，引进 BIM5D 技术对项目进行管理，主要体现在以下几个方面。

1. 精细化施工管理，提高工作效率

在施工管理方面，项目部的生产、技术、工程、物资、商务等部门根据项目计划开展工作，但是经常会出现沟通不当导致的工作失误，应用 BIM5D 软件进行项目管理，项目的各参与部门可通过例会形式进行有效的交底沟通。本工程的总工期是 540 天，为实现此项目目标，法定节假日和夜晚需适当加班。应用 BIM5D 软件进行进度管理，在每周工程例会上，在平台中查看本周的任务状态，发现滞后的任务，项目部经理及时调整任务安排，更新 BIM5D 模型，重新按照进度计划指导施工，确保周计划的精确管控。

此种工作模式通过在 BIM5D 平台中关联进度文件和计价文件，实时为进度计划提供人、材、机的消耗量和成本的精确计算，为物料准备以及劳动力估算提供了准确依据。在平台中，管理人员可根据需要按照时间、楼层、流水段等方式或者按照构件工程量和清单工程量，提取所需的资源用量，在做项目总控物资计划、月备料计划和日提量计划时，可以快速形成并提交报表给相关部门。以往管理人员需要花费至少一天的时间按照进度计划进行工作分解并提取相应工作的工程量，浪费了管理人员的宝贵时间，通过 BIM5D 信息集成平台，可以实现施工过程中各业各部的过程数据的集成，为总包单位向业主报量、分包工程量核算、变更工程量计算和甲方工程量审批提供数据支撑，有效地提高了施工管理效率。

2. 物资提量与领料精准，降低成本

在以往的项目物资管理过程中，管理人员对模板、脚手架等周转材料的工程量的统计是根据二维图纸和经验进行的，难以实现对现场大量材料的实时调配，浪费施工过程中的大量材料，导致成本增加。通过 BIM5D 平台，管理人员根据需要按照楼层、专业、部位、工序、流水分区，依据进度信息准确查询到每月、每周、每日的周转材料与物资消耗，并记录材料的进出场时间对场地工作面的使用，以对其进行充分利用。通过在 BIM5D 平台对资源的有效管理，极大地减少了项目材料的非必需消耗，合理降低了项目成本，也为以后类似项目的投入提供了可靠的参考依据。

3. 可视化与数据支撑，优化施工资源管理

在以往的项目中，流水段的管理都是项目负责人对现场的流水进度、流水提量、流水计

划等工作进行安排，由于分包队伍多、工作专业多、计划层级多、工序交叉造成作业面冲突频繁，现场协调困难。在 BIM5D 平台上，通过工作面的划分、理论劳动力的计算、可视化的过程模拟来对关键节点的措施进行优化，对工作面进行合理布置，优化资源调配。

针对当前施工资源管理过程中存在的问题，BIM5D 技术与项目管理系统有机结合，有效提升了施工项目管理的精细化程度，BIM5D 技术为快速统计资源用量、资源的合理供应等提供了精细化的管理方案，实现了施工工程量的动态查询、施工资源动态管理、成本的跟踪对比等。BIM5D 技术对建筑施工企业的技术创新和发展产生了巨大影响力，它的推广和应用大大提高了建筑工程的集成化程度和精细化管理程度，保证了工程的质量和施工效率，为施工企业提升了效益。

本章小结

本章主要对 BIM5D 管理的应用进行了详细的介绍，主要介绍了 BIM5D 模型的创建、集成、关联及动态分析。

思考题

1. 什么是 BIM5D 技术?
2. BIM5D 技术在工程管理中如何应用?

第八章

BIM 最新发展及企业应对

第一节　BIM 最新研究与实践

一、应用领域拓展

BIM 的应用并不是仅限于房屋的建设，除了在建筑工程的土建工程、钢构工程、机电工程、幕墙工程中广泛应用外，在各种类型的基础设施建设项目中，如公路工程、桥梁工程、轨道交通、水电工程中也被广泛地应用。应用了 BIM 的公路、桥梁、地铁工程有：邢汾高速公路、广州地铁、北京地铁苏州桥站、青岛海湾大桥、重庆白沙沱长江大桥、济南黄河公铁两用大桥，等等。这说明了 BIM 的应用范围在不断扩大，水利设施、交通设施等项目已大多数都在应用 BIM。

二、集成应用

1. 多专业集成应用

BIM 在土建工程、机电工程、幕墙工程多专业集成应用。

2. 多参与方协同应用

BIM 实现了建设方、设计方、施工方、运维方的多方协调应用。

3. 跨阶段综合应用

BIM 实现了规划阶段、设计阶段、施工阶段、运维阶段等不同阶段的跨阶段综合应用。

例如，清华大学 4D-BIM 团队在广州地铁施工管理中的应用（图 8-1）。通过清华大学建立的 4D-BIM 平台，实现了对广州地铁施工的协同管理、三维可视化管理、精细化管控以及最后的运用移交。

（1）平台构件。一个平台，三个应用系统各司其职、各负其责。通过客户端进行各自管理，同时数据同步到服务器云端数据库，实现公共服务功能。

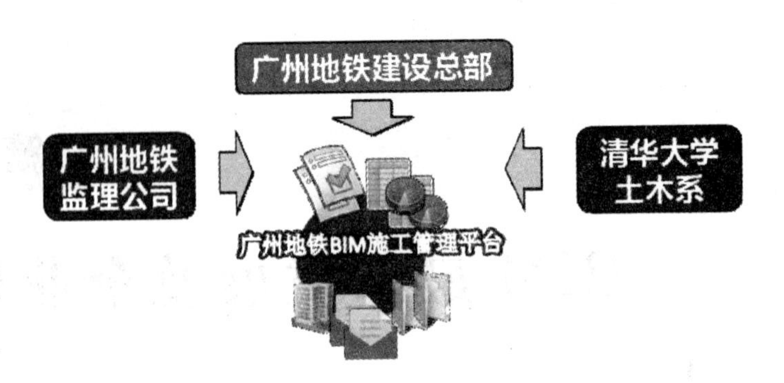

图 8-1　4D-BIM 团队在广州地铁施工管理中的应用示意图

①MS 端应用程序：利用移动设备实现施工现场的移动应用（图 8-2）。

②BS 端应用程序：在浏览器实现远程数据录入、信息查询及项目综合管理（图 8-3）。

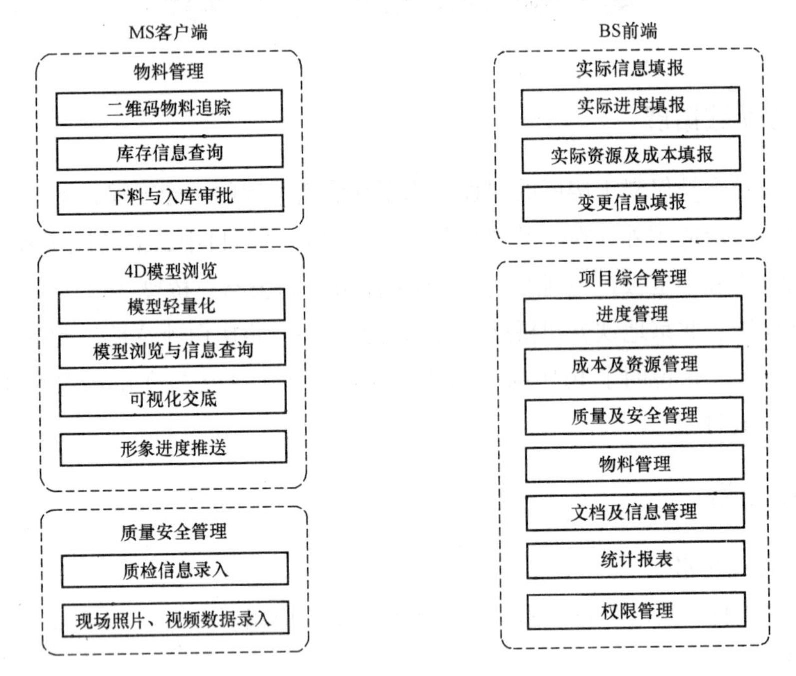

图 8-2　MS 端应用程序示意图　　图 8-3　BS 端应用程序示意图

③CS 端应用程序：部署 BIM 管理平台及 BIM 数据库，提供直接操作 BIM 模型与实时信息反馈的各种项目管理业务（图 8-4）。

（2）基于 BIM 技术的协同管理。通过施工方提交申请，监理方通过审核，建设方进行监管的形式对项目进行协同管理。

①施工方将施工中的人员审核申请、材料申请、设备申请及每日施工、任务完成情况等相关信息录入模型。

②监理方在模型中对人员、设备、材料等相关申请进行审核，对施工进度、施工质量、设备使用量、材料消耗量等进行相关审核，实现作业层面的精细化管理。

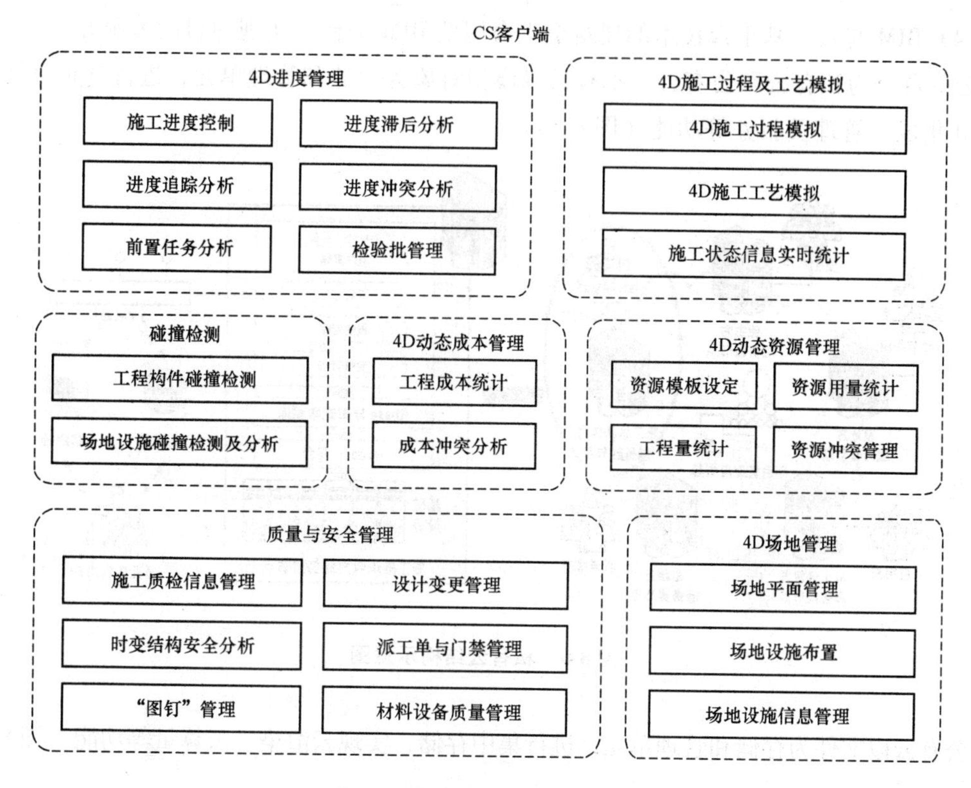

图 8-4　CS 端应用程序示意图

③建设方在模型中对项目总体进展、项目总体质量、项目总体成本等进行监管，实现管理层面的宏观管控。

（3）派工单的生成。通过施工方、监理方之间的协调管理，在系统中生成如图 8-5 所示派工单，进一步实现作业层面的精细化管理。

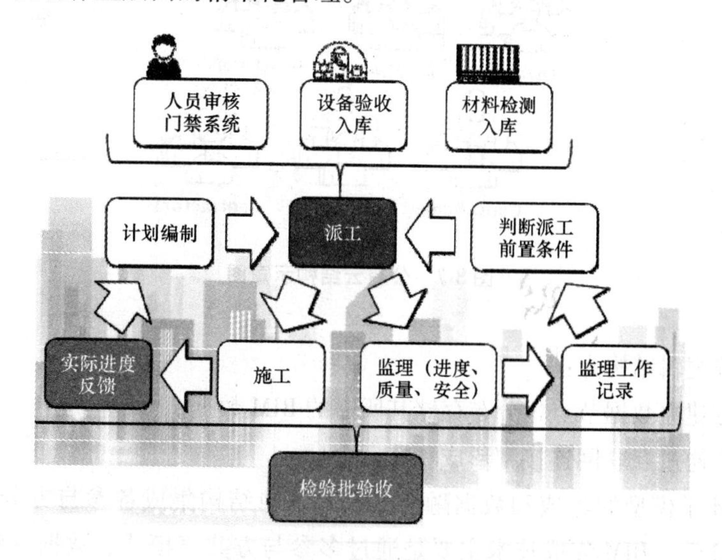

图 8-5　派工单的生成示意图

(4) BIM 与云。基于云技术的建筑全生命周期 BIM 平台，实现项目的云服务。

云平台分为私有云和公有云。私有云以模型对象为存储和管理单元，进行分布存储，实现 BIM 集成、管理及服务等功能（图 8-6）。

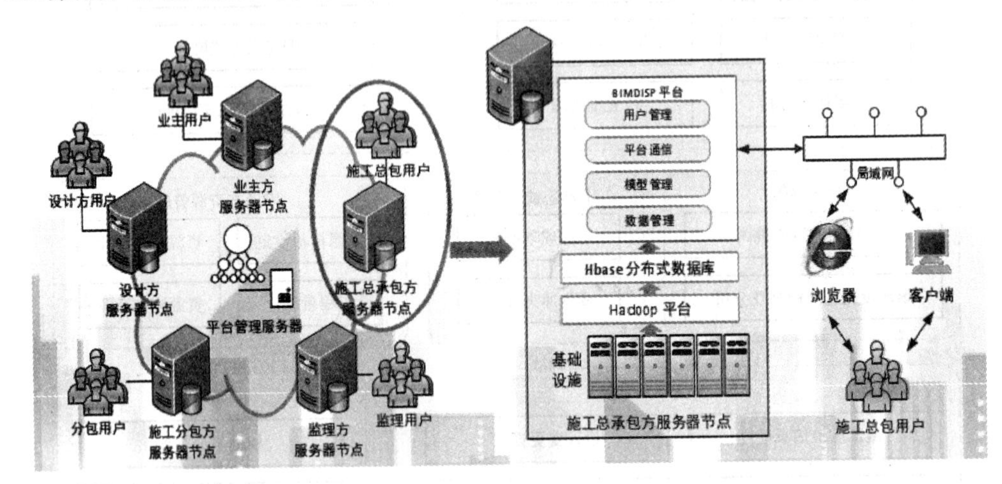

图 8-6　私有云结构示意图

公有云以文件为存储和管理单元，进行集中存储，实现云渲染、云算量等功能（图 8-7）。

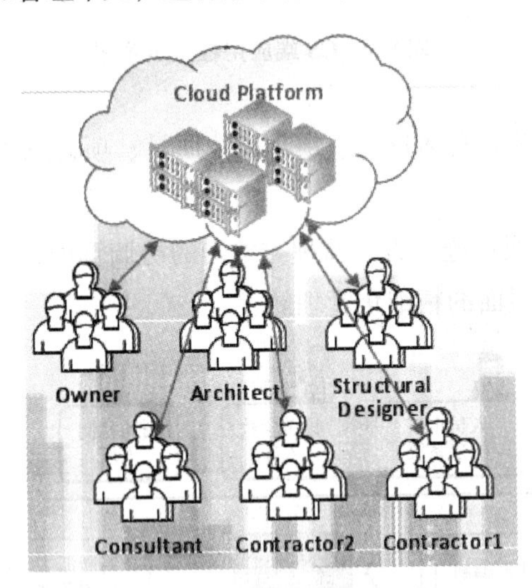

图 8-7　公有云结构示意图

云平台系统逻辑结构为：

①各参与方建立数据节点，分布存储其所需的 BIM 数据。

②所有节点通过互联网连接，形成私有云平台。

③通过 BIM 子模型的集成和数据融合，按其逻辑结构集成各参与方分布存储的模型，形成完整的 BIM 云。BIM 集成技术主要是通过多参与方共享模式、数据一致性机制、全局数据索引、数据推送服务等形式实现。

三、技术融合——BIM 与 GIS

（1）研究 BIM 与 GIS 的数据转换和集成技术，将 BIM 与 GIS 有机结合。

（2）解决区域性、长线或大规模工程的 BIM 应用：

①利用 BIM 技术实现精细管理。

②利用 GIS 技术实现宏观或中观管理。

（3）施工阶段：实现宏观、中观、微观相结合的多层次 BIM 施工管理。

（4）运维阶段：实现基于 GIS 的大型公共建筑项目的区域物业、市政管网、基本设施的信息化管理，基于 BIM 的建筑物业、设备及设施的精细化管理。例如，在数字城市模型构建、建筑供应链可视化、铁路领域的应用。

四、技术融合——BIM 与物联网

（1）研究 BIM 与物联网技术的融合，实现二维码、RFID、红外感应、激光扫描等传感信息与 BIM 关联。

（2）解决 BIM 应用中的智能化识别、定位、跟踪、监控和管理。

①施工阶段：实现施工质量、安全、物料的动态监管。

②运维阶段：实现建筑资产、设备、设施管理，能耗分析和节能监控，结构健康监测等。例如，清华大学在重庆白沙沱长江大桥施工 BIM 应用中的物料管理。

a. 数字化下料：4D-BIM 平台中按节间或进度下料。

b. 料单管理：网页端查询、审核、管理料单。

c. 物料追踪：基于二维码精细化物料追踪。通过移动端登陆、权限控制、二维码扫码、物料查询、入库操作等过程进行精细化物料追踪。

d. 质量管理：构件出厂与安装检验批管理。构件出厂和安装时，通过浏览器上传相应的检验批报告；利用浏览器查询和管理质量安全报表，落实资料上传任务等。

e. 跨平台查询：跨平台物料信息集成与查询。

五、技术融合——BIM 与数字监测

（1）研究 BIM 与数字监控、现代测量、三维激光扫描等信息的融合。

（2）解决施工现场质量与安全的动态监测与分析，复杂结构施工自动定位与精度分析。例如，济南黄河公铁两用桥施工 BIM 应用大跨度刚性悬索加劲连续钢桁梁桥，顶推对结构位移精度要求高。通过模型整合、监控数据集成、量测数据集成、安全分析预警实现顶推对结构的位移精度要求。

①模型整合：将 Tekla 设计模型、Midas 分析模型进行整合，计算结果，分析确定监测点。

②监控数据集成：对主桥结构、临设结构监测点监测数据进行集成。

③量测数据集成：将沉降数据、形变数据、挠度数据、支反力进行集成。

④安全分析预警：通过综合分析，即综合结构分析结果、监控数据、量测数据、质检表等相关信息对项目进行分析，根据评价标准、评价指标进行风险分级及安全预警（图 8-8）。

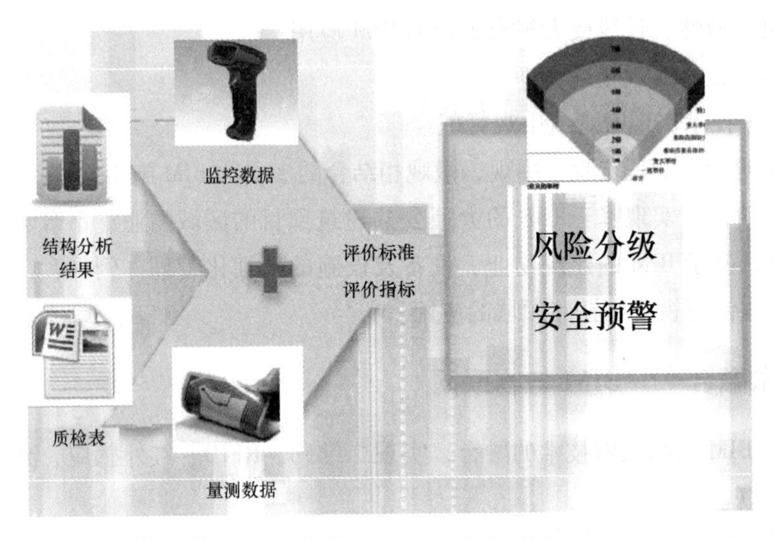

图 8-8　分析预警示意图

第二节　BIM 发展趋势与企业应对

一、发展趋势

（一）战略层面

（1）由劳动密集型企业向知识密集型企业发展。

（2）生产方式向工业化、机械化发展。

（3）管理方式向信息化发展。

（4）协同方式向网络化发展。

（5）企业经营模式向多元化发展。

（二）技术层面

1. 设计技术

（1）集成化：各专业设计一体化；设计、施工与管理一体化。

（2）网络化：异地协同设计。

（3）可视化：虚拟设计。

（4）智能化：自动设计、精细设计、决策支持。

2. 施工技术

（1）实时、动态、集成、可视及精细化施工管理。

（2）自动化施工技术。

（3）虚拟施工。

3. 维护技术

（1）运维数字化管理。

（2）绿色性能动态监控及评估。

（3）安全性能动态监控及评估。

（三）管理层面

1. 管理模式

IPD（Integrated Project Delivery，集成项目交付）。

2. 工作模式

基于网络和 BIM 的项目各参与方协同工作。

3. 成果交付

（1）纸质成果：二维施工图纸及文档。

（2）数字成果：BIM 模型数据库或标准格式文件。

二、BIM 研究方向

1. BIM 标准研究

（1）建立完善的 BIM 标准体系。

（2）编制配套的 BIM 应用标准。

2. 政策法规研究

（1）研究和制定有关政策、法律、法规。

（2）研究 BIM 应用模式、方法和指南。

3. BIM 基础技术研究

（1）全生命周期 BIM 体系架构和信息共享环境。

（2）全生命周期 BIM 建模技术。

（3）全生命周期 BIM 数据存储与管理技术。

（4）BIM 子模型提取与集成技术。

4. BIM 应用技术研究

（1）基于 BIM 的设计、施工、运维及管理的理论、方法及关键技术。

（2）基于 BIM 的设计、施工与管理一体化的理论、方法及关键技术。

（3）基于 BIM 的建筑全生命周期投资、性能、资源、环境和防灾等分析、模拟和动态监控技术。

（4）基于 BIM 的虚拟设计和建造技术。

（5）基于 BIM 的建筑自动化。

5. BIM 与现代信息技术融合研究

（1）BIM-大数据。

（2）BIM-云计算。

（3）BIM-物联网。

（4）BIM-GIS。

（5）BIM-虚拟现实。

（6）BIM-3D 扫描。

（7）智能 BIM。

三、企业应对

（一）基于大数据思维的企业信息化目标

（1）数据流引领技术流、物质流、资金流、人才流，推动分工协作的组织模式，促进生产组织方式的集约和创新；

（2）推动生产要素的网络化共享、集约化整合、协作化开发和高效化利用；

（3）建立“用数据说话、用数据决策、用数据管理、用数据创新”的管理机制，实现基于数据的科学决策。

（二）大数据定义

（1）大数据是具有大容量、高增长、多态化特征的信息资产，可通过新型数据处理模式，提高决策力、洞察力与流程优化能力。

（2）4 V：Volume（海量）、Velocity（高速）、Variety（多样）、Value（价值）。

（三）大数据思维下的企业信息化战略目标

1. 大数据思维下的企业信息化实施路线

（1）以项目 BIM 全生命周期应用为基础，实现大数据积累。

（2）以移动智能终端为工具，实现多元数据采集、跟踪和传输。

（3）以云平台为支撑，实现数据共享与管理。

（4）以大数据决策为目标，实现企业的智慧管理与工程的智慧建造。

2. 紧密结合行业发展

（1）工业化、标准化。

（2）设计的集成化、网络化。

（3）设计施工一体化。

（4）施工机械化、自动化。

3. 大数据思维下的 BIM 应用实施

（1）面向全生命周期的 BIM 集成平台。

（2）BIM 数据库。

（3）单项→局部集成→全面集成，以典型示范带动普及应用，最终实现全生命周期应用。

4. 企业 BIM 应用工作重点

（1）规划目标：制定企业 BIM 应用的发展规划和分阶段目标。

（2）理念知识：提升决策层、管理层和业务层对 BIM 技术及应用价值的认识。

（3）团队组织：设立专业部门或培训技术骨干等，建立企业 BIM 技术应用能力。

（4）应用环境：构建 BIM 软硬件应用环境。

（5）应用机制：建立企业 BIM 应用标准流程。结合 BIM 应用梳理并优化现有工作流程；建立适合 BIM 应用的管理模式；制定相应的工作制度和职责规范。

本章小结

本章主要对 BIM 技术的最新应用领域、集成应用、与 GIS 的融合、与物联网的融合、与数字监测的融合进行了详细的介绍，并对 BIM 的发展趋势、研究方向以及作为企业应该做的相关应对进行了介绍。

思考题

1. BIM 技术的集成应用体现在哪些方面？

2. BIM 技术的发展趋势是怎么样的？

3. 针对 BIM 的发展趋势，企业应该如何应对？

参考文献

[1] 李建成 . BIM 应用 · 导论 [M]. 上海：同济大学出版社，2015.

[2] 李建成 . 建筑信息模型与建设工程项目管理 [J]. 项目管理技术，2006（01）：58-60.

[3] 何关培 . BIM 总论 [M]. 北京：中国建筑工业出版社，2011.

[4] 何关培 . BIM 和 BIM 相关软件 [J]. 土木建筑工程信息技术，2010，2（04）：110-117.

[5] 中建《建筑工程施工 BIM 应用指南》编委会 . 建筑工程施工 BIM 应用指南 [M]. 北京：中国建筑工业出版社，2014.

[6] 张建平 . BIM 技术的研究与应用 [J]. 施工技术，2011（02）：123-126.

[7] 张建平 . 工程项目 BIM 深化应用与创新技术 [C] //2016 中国建筑施工学术年会摘要集 . 2016.

[8] 张建平，余芳强，李丁 . 面向建筑全生命周期的集成 BIM 建模技术研究 [C] //中国建筑学会建筑结构分会 2012 年年会 . 2012：6-14.

[9] 张建平，梁雄，刘强，等 . 基于 BIM 的工程项目管理系统及其应用 [C] //全国工程设计计算机应用学术会议 . 2012：1-6.

[10] 张建平，余芳强，李丁 . 面向建筑全生命周期的集成 BIM 建模技术研究 [J]. 土木建筑工程信息技术，2012（01）：6-14.

[11] 张建平，李丁，林佳瑞，等 . BIM 在工程施工中的应用 [J]. 中国建设信息化，2012，41（20）：18-21.

[12] 刘明 . BIM 技术在建筑工程施工质量控制中的应用研究 [D]. 兰州：兰州交通大学，2016.

[13] 葛清 . BIM 第一维度：项目不同阶段的 BIM 应用 [M]. 北京：中国建筑工业出版社，2013.

[14] 王亚中 . BIM 技术条件下施工阶段的工程项目管理 [D]. 长春：长春工程学院，2015.

[15] 王友群 . BIM 技术在工程项目三大目标管理中的应用 [D]. 重庆：重庆大学，2012.

[16] 李迪 . 基于 BIM 的工程项目质量管理研究 [D]. 广州：广州大学，2016.

[17] 王彦 . 基于 BIM 的施工过程质量控制研究 [D]. 赣州：江西理工大学，2015.

[18] 周天虎．基于 BIM 的施工质量控制应用研究［D］．合肥：安徽建筑大学，2016.
[19] 刘畅．基于 BIM 技术的 YK 项目设计质量管理研究［D］．广州：华南理工大学，2015.
[20] 杨士超．基于 BIM 技术的建筑工程施工质量过程管理研究［D］．北京：中国科学院大学，2016.
[21] 徐世杰．基于 BIM 技术的项目建设管理应用研究［D］．杭州：浙江工业大学，2015.
[22] 王婷，任琼琼，肖莉萍．基于 BIM5D 的施工资源动态管理研究［J］．土木建筑工程信息技术，2016，8（03）：57-61.
[23] 肖莉萍．基于 BIM 的施工资源动态管理与优化［D］．南昌：南昌航空大学，2015.
[24] 拾秋月．基于 BIM5D 技术的施工阶段成本管理研究［D］．镇江：江苏大学，2017.
[25] 尹为强，肖名义．浅析 BIM5D 技术在钢筋工程中的应用［J］．土木建筑工程信息技术，2010，2（03）：46-50.
[26] 牛萍．浅谈基于 BIM5D 技术的施工现场管理［J］．内蒙古科技与经济，2016（01）：82-83.
[27] 许超，靳萧夷．基于 BIM5D 工程造价全过程管理［J］．四川建材，2016，42（04）：258-259.
[28] 王国强，王建平，孙鹏璐．承包商施工阶段 BIM 成本控制研究［J］．建筑经济，2016，37（04）：46-49.
[29] 牛博生．BIM 技术在工程项目进度管理中的应用研究［D］．重庆：重庆大学，2012.
[30] 张数理．BIM 技术在工程项目全寿命周期成本管理中的应用［D］．长春：长春工程学院，2015.
[31] 张树理，李伟，梁思益．BIM 技术在伟峰项目成本管理中的应用［J］．项目管理技术，2016，14（06）：62-67.
[32] 王国强．基于 BIM 的承包商成本管理研究［D］．徐州：中国矿业大学，2015.
[33] 刘尚阳，刘欢．BIM 技术应用于总承包成本管理的优势分析［J］．建筑经济，2013（06）：31-34.
[34] 孙林林．建筑工程成本管理与 BIM 技术的应用［J］．中国住宅设施，2016（04）：26-28.
[35] 尹航．基于 BIM 的建筑工程设计管理初步研究［D］．重庆：重庆大学，2013.
[36] 郝冰．建设项目全寿命周期成本优化初探［J］．网络财富，2010（11）：73，75.
[37] 刘杰．工程项目全过程精细化成本控制［D］．成都：西南交通大学，2013.
[38] 方芳，刘月君，李艳芳，等．基于 BIM 的工程造价精细化管理研究［J］．建筑经济，2014，35（06）：59-62.
[39] 周培康．BIM 技术引发造价咨询行业的新变革［J］．建设监理，2014（06）：5-7，11.
[40] 甘露．BIM 技术在施工项目进度管理中的应用研究［D］．大连：大连理工大

学, 2014.
[41] 周鹏超. 基于 4D-BIM 技术的工程项目进度管理研究 [D]. 赣州: 江西理工大学, 2015.
[42] 杜命刚. 基于 BIM 的施工进度管理和成本控制研究 [D]. 邯郸: 河北工程大学, 2015.
[43] 车谦. 基于 BIM 的施工项目进度风险预警研究 [D]. 哈尔滨: 哈尔滨工业大学, 2013.
[44] 张磊. 基于 BIM 技术的工程项目进度管理方法研究 [D]. 青岛: 青岛理工大学, 2015.
[45] 刘继龙. 基于 BIM 技术的工程项目进度管理研究 [D]. 西安: 西安工业大学, 2016.